LE SYSTÈME LÉGAL

DES POIDS ET MESURES,

GUIDE

THÉORIQUE & PRATIQUE

DE L'ACHETEUR ET DU VENDEUR,

Par S. BENOIT,

VÉRIFICATEUR DES POIDS ET MESURES.

DEUXIÈME ÉDITION

REVUE, CORRIGÉE ET AUGMENTÉE.

PARIS,
PAUL DUPONT, RUE DE GRENELLE
SAINT-HONORÉ, 45.

LYON,
A. BRUN ET Cⁱᵉ, RUE MERCIÈRE,
Nº 5.

LONS-LE-SAUNIER,
GAUTHIER FRÈRES ET Cⁱᵉ,
RUE DU COMMERCE.

ESCALLE, RUE DU COM-
MERCE.

DOLE,
ÉMILE DECHAUX ET Cⁱᵉ, RUE DES ARÈNES, 18.

SAINT-CLAUDE,
ISIDORE DALLOZ, RUE SUR LA POYAT.

1860

LE
SYSTÈME LÉGAL
DES POIDS ET MESURES,
GUIDE THÉORIQUE ET PRATIQUE
De l'Acheteur et du Vendeur.

———•◦}◦{◦•———

F. Gauthier imp. à Lons-le-Saunier.

LE
SYSTÈME LÉGAL

DES POIDS ET MESURES,

GUIDE

THÉORIQUE & PRATIQUE

DE L'ACHETEUR ET DU VENDEUR,

Par S. BENOIT,

VÉRIFICATEUR DES POIDS ET MESURES.

DEUXIÈME ÉDITION
REVUE, CORRIGÉE ET AUGMENTÉE.

PARIS,
PAUL DUPONT, RUE DE GRENELLE
SAINT-HONORÉ, 45.

LYON,
A. BRUN ET Cⁱᵉ, RUE MERCIÈRE,
N° 5.

LONS-LE-SAUNIER,
GAUTHIER SŒURS ET Cⁱᵉ,
RUE DU COMMERCE.

ESCALLE, RUE DU COM-
MERCE.

DOLE,
ÉMILE DECHAUX ET Cⁱᵉ, RUE DES ARÈNES, 18.

SAINT-CLAUDE,
ISIDORE DALLOZ, RUE SUR LA POYAT.

1860

OUVRAGES

DE M. S. BENOIT,

Vérificateur des poids et mesures à Saint-Claude (Jura).

Le Système légal des poids et mesures, Guide théorique et pratique de l'acheteur et du vendeur, 2e édition. 1 volume in-12.................................... 3 fr.

Abrégé du Système légal des poids et mesures, Guide théorique et pratique de l'acheteur et du vendeur, 1 volume in-12.................................... 40 cent.

Le Système métrique français, Manuel des élèves des écoles primaires et des classes élémentaires des collèges, ouvrage rédigé d'après les programmes officiels, 1 volume in-12.................................... 40 cent.

Le Système métrique français, Guide des maîtres dans l'enseignement de ce système, 1 vol. in-12. 2 fr.

Le Guide du consommateur et du marchand en détail dans la vente au poids, tableau indiquant la quantité de marchandise que celui-ci doit livrer pour une somme donnée d'après le prix du kilogramme.................................... 80 cent.

Réponses et solutions raisonnées des exercices et problèmes contenus dans le Système métrique français, Manuel des élèves des écoles primaires, et dans le Système métrique français, Guide des maîtres dans l'enseignement de ce système, 1 volume in-12.................................... 1 fr.

(Pour recevoir de suite ces ouvrages franc de port à domicile, en envoyer le prix en timbres-poste dans une lettre affranchie à l'adresse de l'auteur.)

PRÉFACE

I.

Populariser les connaissances nécessaires à une franche application du Système métrique français ; prémunir le public contre les fraudes commerciales, en lui fournissant les moyens de les déjouer ; préserver les vendeurs des peines édictées par les lois sur la matière, en les rappelant tant aux devoirs de leurs professions qu'à l'exacte observation des règles immuables de l'honneur et de la probité ; tel est le triple but que nous nous sommes proposé en publiant notre *Système légal des poids et mesures, Guide théorique et pratique de l'acheteur et du vendeur*.

La première édition de cet ouvrage, publiée seulement à titre d'essai, nous a valu néanmoins des éloges et des encouragements nombreux. Presque tous les vérificateurs des poids et mesures de France, des chefs d'institutions, des fonctionnaires, des magistrats éminents, nous ont fait parvenir les compliments les plus flatteurs au sujet de cette publication. En nous félicitant d'avoir consacré à un tel travail les loisirs que nous laisse l'exercice des fonctions dont nous sommes investi, et en nous exprimant le désir que le succès de notre ouvrage répondît aux soins que nous y avons apportés, le ministère auquel nous ressortissons a bien voulu nous faire part de quelques observations et nous inviter à en tenir compte à l'occasion, notamment dans le cas où nous aurions à réimprimer le *Guide de l'acheteur et du vendeur*.

Encouragé par ces accueils aussi bienveillants que distingués, nous avons mis toute notre attention à revoir notre publication. Nous avons, en un mot, fait tous nos efforts pour approcher le plus près de notre but. Nous pensons en être peu éloigné aujourd'hui. Aussi espérons-nous que cette nouvelle édition obtiendra de nouveaux suffrages, et que notre livre, en se popularisant de plus en plus, contribuera puissamment à faire connaître plus parfaitement les poids et mesures, à faciliter la surveillance de l'autorité, à rendre les fraudes plus difficiles, à introduire enfin la loyauté et la bonne foi dans les pratiques du commerce national.

II.

Le Guide de l'acheteur et du vendeur renferme quatre parties divisées en chapitres, lesquels sont eux-mêmes subdivisés en un certain nombre d'articles.

La 1re *partie* contient l'historique et la législation du système décimal. Elle intéresse au même degré les acheteurs, les vendeurs et les agents de l'autorité.

Les parties suivantes ne méritent pas d'être moins généralement connues. Cependant celles-ci, à raison de leur objet, s'adressent plus particulièrement à telle ou telle catégorie de lecteurs.

Ainsi, la 2ᵉ *partie*, qui traite de la règlementation du système métrique et des nombreuses spécialités qui s'y rattachent, sera le guide des vendeurs, des commerçants, fabricants ou industriels, dont elle retrace avec précision tous les droits aussi bien que toutes les obligations. Ce sera aussi celui des maires, des adjoints, des commissaires de police et de tous les agents spéciaux, auxquels elle dénonce les infractions sur lesquelles doit particulièrement porter la surveillance qui leur est imposée par les lois.

La 3ᵉ *partie*, qui comprend la pratique des poids et mesures, c'est-à-dire la manière régulière et légale de procéder dans chaque genre de pesage et de mesurage, sera le guide des acheteurs. Elle leur signale, en effet, toutes les fraudes auxquelles ils sont exposés, et leur trace la marche qu'en toutes circonstances ils ont à suivre dans l'exercice de leurs droits. Les consommateurs auront donc intérêt à étudier plus spécialement cette division, la plus étendue comme la plus importante du livre. Les mesureurs jurés et les préposés des poids publics y puiseront également plus d'un renseignement utile.

La 4ᵉ *partie* sera consultée avec fruit par les officiers ministériels, par les membres des tribunaux de police et par toutes les personnes appelées, par devoir ou par état, à défendre l'intérêt général de la société ou les intérêts légitimes des particuliers. Cette partie constitue à elle seule un traité complet de la législation pénale sur les poids et mesures. On y trouve, avec un extrait très-étendu du Code pénal, la loi du 27 mars 1851 tendant à la répression plus efficace de certaines fraudes dans la vente des marchandises. Les conséquences de la détention de faux poids ou de fausses mesures, ainsi que les caractères constitutifs du délit de tromperie et de la tentative de délit de tromperie sur la quantité, y sont étudiées avec maturité. Une nomenclature générale des infractions indique les articles de la loi applicables pour telle ou telle contravention, pour tel ou tel délit. Un dernier chapitre expose rapidement ce qui concerne la mention des poids et mesures dans les actes publics et privés, dans les affiches, les annonces, etc.

LE
SYSTÈME LÉGAL
DES POIDS ET MESURES.

PREMIÈRE PARTIE.

LÉGISLATION.

I.

Notions préliminaires sur les mesures.

Les objets ne sont pas seulement considérés sous le rapport du nombre; on a aussi souvent besoin de les considérer en eux-mêmes, sous le rapport de leur longueur, de leur surface, de leur volume, de leur poids, de leur prix ou valeur commerciale, etc.; toutes choses qui peuvent être plus ou moins grandes, et qui doivent être déterminées exactement si l'on veut avoir une idée juste des objets que l'on considère; mais cette détermination ne peut avoir lieu qu'en *mesurant* les objets.

La plus simple de toutes les manières de *mesurer* est celle qui se pratique dans les opérations semblables à la suivante : Un ouvrier veut connaître la hauteur d'un mur; pour cela, il prend une longueur, celle d'une règle, par exemple, et l'applique sur le mur, en suivant une ligne de bas en haut, autant de fois que cela se peut. S'il trouve que la

2

règle peut être portée douze fois, de manière à arriver précisément à l'extrémité du mur, il en conclut que la hauteur du mur vaut douze fois la longueur de la règle, qu'elle est de douze règles ; car il est évident que ce que l'ouvrier a fait revient exactement à joindre bout à bout douze règles de même longueur que celle dont il s'est servi. Il s'y prendrait de même pour avoir soit la largeur, soit l'épaisseur d'un corps.

D'après cela, qu'est-ce que mesurer une étendue en longueur, ou en largeur, ou en épaisseur ? C'est évidemment chercher combien cette étendue contient de fois une certaine longueur, qui est ici la longueur d'une règle. Les mesures qu'on emploie dans ces sortes de cas s'appellent *mesures linéaires*, parce que l'étendue qu'elles servent à mesurer est une simple ligne.

Dans d'autres cas, on fait attention en même temps à la longueur et à la largeur de l'objet que l'on considère, comme lorsqu'on veut connaître la grandeur d'une cour. Pour y parvenir, on cherche combien de fois cette grandeur renferme une surface déterminée, celle qui, par exemple, serait représentée par un carré ayant une mesure de longueur de côté ; et la mesure alors est elle-même ce carré.

Ces sortes de mesures s'appellent en général *mesures de superficie* ou *de surface* ; et quand l'étendue qu'elles servent à mesurer est celle d'un champ, d'un bois, ou de toute autre partie de terrain, elles prennent le nom de *mesures agraires*.

On peut aussi considérer à la fois la longueur, la largeur et l'épaisseur d'un corps. S'agit-il, par exemple, de mesurer une pièce de bois ? On détermine, pour cela, la grandeur de la portion de l'espace qu'elle occupe. On y parvient en comparant cette grandeur à celle d'un cube d'un volume connu. Dans ce cas, la mesure est elle-même ce cube, et celles qu'on destine à cet usage se nomment, en général, *mesures de solidité*.

On appelle, en particulier, *mesures de capacité* celles qui servent à faire connaître la quantité de liquide ou de grains que contient un vase.

Les poids peuvent aussi être regardés comme des espèces de mesures. Lorsque, par exemple, on dit d'un corps qu'il pèse huit fois plus qu'un autre, on entend, par cela même, qu'il faut, pour soutenir le premier, un effort huit fois plus grand que pour soutenir le second, pris pour *mesure de poids*.

Enfin, l'usage des monnaies a aussi beaucoup d'analogie avec celui des mesures dont nous venons de parler. Ainsi, lorsqu'en calculant le prix d'une certaine quantité de marchandise, on trouve ce qu'elle vaut en espèces, c'est une manière de mesurer la valeur de cette marchandise, en considérant combien cette valeur vaut de fois celle que la loi reconnaît à une pièce de métal prise pour terme de comparaison, et appelée *mesure monétaire*.

On voit, par ce qui précède, que, lorsqu'on a mesuré un objet quelconque, on rapporte toujours le résultat de l'opération à une certaine mesure déterminée et contenue plus ou moins de fois dans la chose à mesurer. Cette mesure s'appelle plus particulièrement *unité de mesure*.

Quand cette unité n'est pas contenue exactement et sans reste dans la grandeur à mesurer, on exprime ce reste par des subdivisions de l'unité; c'est ce qui a lieu lorsque, ayant mesuré la hauteur d'un mur avec une règle considérée comme unité de longueur, on trouve que cette hauteur est de douze règles et demie.

L'ensemble des diverses mesures dont on peut avoir besoin dans ces différentes manières de mesurer, constitue ce que l'on nomme un *système de poids et mesures*.

C'est le système établi en France par les lois des 18 germinal an III et 4 juillet 1837, et nommé, par cette raison, *système légal des poids et mesures*, que nous nous proposons d'étudier dans ce livre.

II.

Considérations historiques.

Autrefois, on se servait en France d'une infinité de mesures dont la grandeur et les subdivisions, variant dans chaque pays et souvent d'un simple village à un autre, sans être soumises à aucune règle constante, présentaient les plus grandes irrégularités, et rendaient fort compliquées les opérations qui s'y rattachaient.

Sous l'influence de quelles causes cette diversité de mesures prit-elle naissance ?

Il y a lieu de croire que, dans l'origine, chaque père de famille, chaque chef de tribu prit au hasard tout ce qui lui tombait sous la main pour en faire ses poids et mesures. Le bâton sur lequel il s'appuyait, le premier vase qu'il aura fabriqué, une pierre qui avait attiré ses regards, ont pu lui servir à évaluer la longueur, le volume et le poids des corps. Il ne s'agissait que d'employer constamment les mêmes objets à cet usage. Toutes grossières qu'étaient ces mesures, on ne songea plus à en choisir d'autres, dès qu'on en eut contracté l'habitude : on en fit des copies durables; et c'est ainsi que s'établirent dans chaque province, et presque dans chaque hameau, des mesures tout à fait étrangères à celles des lieux les plus voisins.

Des mesures établies dans ces conditions ne pouvaient appartenir à aucun système. On ne doit effectivement donner ce nom qu'à l'ensemble d'objets liés par un petit nombre de principes communs et homogènes. Leurs subdivisions devaient aussi présenter la même diversité : si le hasard permettait qu'il y eût, à ce sujet, identité parfaite entre les mesures de deux cantons plus ou moins rapprochés, ce fait devait rarement se présenter, puisque, partout, on n'obéissait qu'à une impulsion purement local.

Le système d'uniformité des poids et mesures, depuis si longtemps réclamé, comme l'attestent les cahiers de tous les anciens états-généraux, et tenté infructueusement par l'autorité depuis des siècles, ainsi qu'on le voit par plus de vingt édits dont les premiers remontent à Charlemagne, a enfin triomphé de l'ignorance routinière.

Après les projets non exécutés de Charlemagne à cet égard, les inutiles efforts de quelques rois qui vinrent ensuite (Philippe-le-Long, Louis XI, François Ier, Charles IX, Henri IV et Louis XIV), il était réservé à l'Assemblée constituante de faire jouir la France de ce bienfait. Ce fut dans la seconde année de sa législature qu'elle adopta les premiers moyens pour arriver à l'établissement de l'uniformité des poids et mesures. Mais d'où vient que ce grand évènement ne put définitivement s'accomplir qu'ensuite de prescriptions d'une date aussi récente ?

C'est qu'au moyen-âge, et jusqu'à la Révolution de 1789, la France était divisée en un grand nombre de provinces, dont chacune avait des usages étrangers aux provinces voisines; c'est que chacune d'elles tenait obstinément à ce que nous appellerons sa nationalité particulière, et rejetait avec dédain toute mesure qui, lui faisant mettre de côté les vieilles traditions locales, lui enlevant son cachet particulier, devait la confondre avec les autres parties du royaume. Le peuple n'était pas seul opposé à l'unité des poids et mesures : les seigneurs, guidés par d'autres motifs, pensaient à cet égard comme le peuple; pour eux, il s'agissait surtout de défendre un intérêt de grande importance, et de soustraire à la puissance royale un pouvoir dont la féodalité se montrait si jalouse.

Chaque province était un petit royaume où le fisc percevait, au profit du seigneur, des impôts de toute espèce; où chaque usage public, chaque coutume administrative produisait d'excellents revenus. Il était donc important de maintenir les coutumes, et de les défendre contre les efforts tentés par la puissance royale pour leur substituer des lois d'une application générale et uniforme.

Au surplus, il manquait au souverain, pour établir l'unité des poids et mesures, une base unique et permanente; pour obtenir l'unité, il aurait fallu rendre obligatoire pour la France entière la mesure adoptée dans une province, celle de Paris, par exemple; mais l'esprit des autres provinces s'y serait violemment opposé, la puissance royale eût été trop faible; les abus n'auraient pas été détruits.

Cette base unique et permanente ne fut définitivement arrêtée qu'en vertu de la loi du 26-30 mars 1791.

Jusque-là, des obstacles insurmontables s'étaient opposés à la réalisation d'une idée dont la sagesse fait le plus grand honneur à ceux de nos monarques qui l'ont conçue; et, en France, le commerce, les achats et les ventes, c'est-à-dire la fortune et la vie du pays, avaient continué à présenter la triste bigarrure de quatre cent trente-cinq mesures diverses par leur capacité ou leur pesanteur, diverses par leur noms, inconnues d'un village à l'autre, dangereuses pour la sécurité des transactions commerciales.

La Révolution de 1789 pouvait, seule, avoir la force de réaliser ce projet depuis si longtemps conçu, parce que, seule, elle détruisait les lignes de démarcation qui brisaient l'unité nationale. Du moment où les provinces disparaissent, les usages particuliers cessent d'exister. Quand il n'y eut plus qu'une nation, la loi devint une; les priviléges des villes et les coutumes des provinces, faisant place à la légalité, disparurent enfin devant une règle uniforme.

III.

Considérations scientifiques.

Pour imprimer au système des poids et mesures une durée qui fût à l'abri des révolutions qui ont bouleversé le monde, on résolut de donner aux nouvelles mesures une base commune, et de prendre cette base dans la nature même. En conséquence, chargée de ce soin par l'Assemblée constituante, l'Académie des sciences imposa à Delambre et à Méchain la tâche de mesurer l'arc du méridien terrestre compris entre Dunkerque et Barcelone. MM. Biot et Arago ayant continué le travail jusqu'à l'île Formentera (Baléares), ces savants ont conclu de leurs opérations la longueur du quart du méridien. Cette longueur a été divisée en dix millions de parties égales, et l'on a fait construire une règle en platine dont la longueur, à la température de la glace fondante, fût précisément égale à l'une de ces parties. Telle est la longueur qu'on a prise pour unité linéaire, et qu'ainsi on a appelée *mètre*.

Le quart du méridien dut être préféré au quart de l'équateur, à raison des grandes difficultés qu'auraient présentées les opérations nécessaires pour déterminer ce dernier élément, et leur vérification, si jamais on eût voulu y recourir. D'ailleurs, la régularité de ce cercle n'est pas plus assurée que la similitude ou la régularité des méridiens. La grandeur de l'arc céleste répondant à la portion d'équateur qu'on aurait mesurée, est moins susceptible d'être déterminée avec précision; enfin, chaque peuple appartient à un des méridiens de la terre; une partie seulement est placée sous l'équateur.

L'unité des mesures de longueur se trouvant ainsi déduite de la grandeur même de la terre, et n'offrant rien, par conséquent, qui fût particulier à un lieu plutôt qu'à un autre, l'étalon prototype de cette unité fut déposé aux archives nationales, où il est conservé avec le plus grand soin. Mais, tel est encore l'avantage d'un système reposant sur une pareille base, que, quand l'étalon primitif et toutes les copies qu'on en a prises viendraient à être détruits, on pourrait encore en retrouver la valeur primordiale. On y parviendrait au moyen d'une expérience aussi simple que facile, faite sur le pendule de l'Observatoire de Paris. On a exactement déterminé, pour ce lieu, la longueur que doit avoir ce pendule pour faire dans l'espace d'un jour un nombre d'oscillations donné. Ce serait à l'aide de cette longueur qu'on reviendrait à la longueur précise du mètre.

C'est du mètre, comme on le verra bientôt, qu'on a déduit les autres unités de mesures : d'où le nom de *Système métrique*, donné à notre système légal des poids et mesures.

La vraie longueur du mètre étant rigoureusement déterminée, et toutes les précautions possibles ayant été prises pour en assurer l'invariabilité, les mesures de surface, de solidité et de contenance s'en déduisirent naturellement : le carré d'un mètre de côté fut pris pour unité de superficie; le cube d'un mètre de côté, pour unité de volume ; et celui d'un décimètre, pour unité de capacité. Il n'en fut pas de même lorsqu'il s'agit d'arrêter les unités de poids et de monnaie. Il pouvait, en effet, y avoir de l'arbitraire dans le choix du volume qu'on emploierait pour la première, et dans celui de la pesanteur qu'on donnerait à la seconde. La détermination de l'unité de poids dépendait, en outre, d'une foule d'expériences, d'opérations et de réductions fort délicates. Ce fut à Lefèvre-Gineau que l'Institut en confia la direction. Secondé par Fortin, l'un des artistes les plus distingués de ce temps, ce savant parvint, à force d'habileté et de persévérance, à donner à son travail le degré de précision le plus élevé, et, sur les conclusions de son remarquable rapport, d'accord, en cela, avec les usages et les besoins de la société, l'Académie adopta le poids d'un centimètre cube d'eau pour unité de pesanteur.

Quant à l'unité monétaire, il fut convenu qu'elle consisterait en une pièce d'argent alliée d'un dixième de cuivre, et de cinq fois le poids de l'unité de pesanteur.

Ayant ainsi choisi une unité pour chacune des espèces de grandeurs, il fallut, pour compléter ces conventions, composer avec ces unités des unités plus grandes, pour éviter l'emploi de nombres trop considérables, dont on se forme difficilement une idée exacte, et subdiviser aussi cette unité, afin de pouvoir mesurer les quantités qui sont plus petites; enfin, pour soulager la mémoire et réduire les calculs au plus grand degré de simplicité possible, on dut soumettre les mesures plus grandes et les mesures plus petites que l'unité à la même loi, et cette loi fut la *décimale;* d'où le nom de *système décimal,* par lequel on désigne encore le système métrique.

IV.

Avenir du système métrique.

Telles sont les bases précises et fixes sur lesquelles se trouve invariablement fondé le système métrique français. Il appartenait d'autant mieux à la France de voir sortir de son sein ce nouveau système de mesures, qui, ainsi qu'on vient de le voir, remontent toutes à une partie déterminée de la circonférence du globe, comme à leur origine commune, que nul autre pays n'offrait une position aussi heureuse par rapport à l'arc du méridien qui devait être mesuré, celui qui traverse la France avait le double avantage d'être coupé par le parallèle moyen, et de reposer, par ses extrémités, sur les bords des deux mers.

Mais ce système, dont la base est empruntée à la nature, et invariable comme elle, convient également à tous les peuples. Plusieurs puissances étrangères, sur l'invitation du gouvernement français, ont envoyé des savants d'un mérite distingué, qui, réunis aux commissaires de l'Institut national, ont discuté avec eux les observations et les expériences d'où l'on a déduit les unités fondamentales de longueur et de poids, et ont concouru ainsi, par leur zèle et par leurs lumières, à consommer cette vaste entreprise. Jamais les sciences n'ont offert un spectacle plus digne d'elles que celui de cette société si intéressante, qui, en fournissant une nouvelle preuve que les hommes éclairés de tous les pays ne composent qu'une même famille, donnait en quelque sorte sa sanction à ce système, dont l'adoption pourrait devenir le gage d'une union plus étroite entre les nations elles-mêmes.

Si l'Angleterre n'a pas pris part à l'élaboration du système métrique, la faute n'en est pas à la France : car cette première puissance fut spécialement invitée, dès le début, à y exercer l'influence qui lui appartenait.

Malgré la coopération de nombreux savants étrangers dans l'élaboration du système métrique, la France fut longtemps seule à l'expérimenter. Cependant, aujourd'hui, il se manifeste de tous les points du globe une tendance vers l'adoption de ce système. Voyons, du reste, quel est actuellement son état dans le monde, et quel y est son avenir probable.

« La supériorité de notre système métrique, » dit-on dans un article de M. Armand Bertin, inséré dans le *Journal des Débats* du 4 avril 1853, « n'a pas échappé aux étrangers : plusieurs gouvernements, après s'en être fait rendre compte, en ont décidé l'adoption, ou même y ont procédé. Depuis quelque temps, le mouvement se prononce d'une manière remarquable : la Belgique, qui avait pu apprécier par expérience les mérites du système métrique, se l'est approprié de toutes pièces ; le Piémont en a pris au moins une partie ; de même la Suisse. Le gouvernement espagnol et le gouvernement portugais en ont récemment décrété d'une manière impérative l'adoption entière ; les différents états du Zollverein l'ont pris pour base d'un système commun de mesures, en faisant leur livre de 500 grammes, leur pied de 3 décimètres et leur pot d'un litre et demi ; dans le Nouveau-Monde, plusieurs des ci-devant colonies espagnoles ont répudié de même le système imparfait que leur avait légué leur ancienne métropole, pour y substituer le système métrique. Dans un écrit très-récent, M. Silbermann, l'un des fonctionnaires du Conservatoire des arts et métiers, mentionne encore la Pologne, la Grèce et le duché de Modène, comme ayant jusqu'à un certain point fait de même. »

L'Angleterre et les États-Unis ont aussi manifesté l'intention de réformer leur système de poids et mesures : déjà, du reste, aux États-Unis, on a adopté dans le système monétaire de ce pays la division du dollar en 100 parties. L'Angleterre a même fait un grand pas dans cette voie. La Chambre des communes vient d'adopter en principe, malgré une forte opposition, l'établissement du système décimal. (Voir la *Presse* du 16 juin 1855.)

Si les Anglais persistaient dans leur projet de réformer leurs poids et mesures, il est permis de croire que le raisonnement et le sentiment de l'intérêt public les conduiront à préférer à toute combinaison celle qui consisterait à s'approprier le système français. Ce serait entre eux et nous un rapprochement de plus, une nouvelle facilité donnée au commerce international. Après eux, cette uniformité aurait la plus grande chance de devenir universelle. Et il n'est pas douteux que si les États-Unis et l'Angleterre se ralliaient d'un commun accord au système métrique, tout le monde à peu près les imiterait.

Ce résultat doit être vivement désiré dans l'intérêt des relations savantes et des communications commerciales entre toutes les nations civilisées.

V

Décret du 8 mai 1790.

L'Assemblée nationale, désirant faire jouir à jamais la France entière de l'avantage qui doit résulter de l'uniformité des poids et mesures, et voulant que les rapports des anciennes mesures avec les nouvelles soient clairement déterminés et facilement saisis, décrète que Sa Majesté sera suppliée de donner des ordres aux administrations des divers départements du royaume, afin qu'elles se procurent et qu'elles fassent remettre par chacune des municipalités comprises dans chaque département, et qu'elles envoient à Paris, pour être remis au secrétaire de l'Académie des sciences, un modèle parfaitement exact des différents poids et mesures élémentaires qui y sont en usage.

Décrète ensuite que le Roi sera également supplié d'écrire à Sa Majesté Britannique, et de la prier d'engager le parlement d'Angleterre à concourir avec l'Assemblée nationale à la fixation de l'unité naturelle de mesures et de poids; qu'en conséquence, sous les auspices des deux nations, des commissaires de l'Académie des sciences de Paris pourront se réunir en nombre égal avec des membres choisis de la société royale de Londres, dans le lieu qui sera jugé respectivement le plus convenable, pour déterminer, à la latitude de quarante-cinq degrés, ou toute autre latitude qui pourrait être préférée, la longueur du pendule, et en déduire

un modèle invariable pour toutes les mesures et
pour les poids ; qu'après cette opération, faite avec
toute la solennité nécessaire, Sa Majesté sera suppliée de charger l'Académie des sciences de fixer avec
précision, pour chaque municipalité du royaume,
les rapports de leurs anciens poids et mesures avec
le nouveau modèle, et de composer ensuite, pour
l'usage de ces municipalités, des livres usuels et
élémentaires où seront indiquées avec précision
toutes ces proportions.

Décrète en outre que ces livres élémentaires seront adressés à la fois dans toutes les municipalités, pour y être répandus et distribués ; qu'en
même temps, il sera envoyé à chaque municipalité
un certain nombre de nouveaux poids et mesures,
lesquels seront délivrés gratuitement par elles à
ceux que ce changement constituerait dans des dé-
penses trop fortes ; enfin, que, six mois après cet
envoi, les anciennes mesures seront abolies et remplacées par les nouvelles.

VI.

Décret du 26-30 mars 1791.

L'Assemblée nationale, considérant que, pour
parvenir à établir l'uniformité des poids et mesures,
conformément à son décret du 8 mai 1790, il est
nécessaire de fixer une unité de mesure naturelle
et invariable, et que le seul moyen d'étendre cette
uniformité aux nations étrangères et de les engager
à convenir d'un même système de mesure, est de
choisir une unité qui, dans sa détermination, ne
renferme rien ni d'arbitraire ni de particulier à la
situation d'aucun peuple sur le globe ; considérant,
de plus, que l'unité proposée dans l'avis de l'Académie des sciences, du 19 mars de cette année,
réunit toutes ces conditions, a décrété et décrète
qu'elle adopte la grandeur du quart du méridien

terrestre pour base du nouveau système de mesures; qu'en conséquence, les opérations nécessaires pour déterminer cette base, telles qu'elles sont indiquées dans l'avis de l'Académie, et notamment la mesure d'un arc du méridien, depuis Dunkerque jusqu'à Barcelone, seront incessamment exécutées; qu'en conséquence, le Roi chargera l'Académie des sciences de nommer des commissaires qui s'occuperont sans délai de ces opérations, et se concertera avec l'Espagne pour celles qui doivent être faites sur son territoire.

VII.

Décret du 1er août 1793.

Art. 1er. Le nouveau système des poids et mesures, fondé sur la mesure du méridien de la terre et la division décimale, servira uniformément dans toute la République.

Art. 2, 3, 4, 5, 6 et 7. (Dispositions transitoires ou abrogées.)

Art. 8. Dès que les nouveaux étalons seront parvenus aux administrations du district, toutes les municipalités de chaque district seront tenues de faire construire des instruments de mesure et de poids, qui resteront déposés à la maison commune.

Art. 9, 10 et 11. (Dispositions transitoires.)

VIII.

Loi du 18 germinal an III.

La Convention nationale, voulant assurer au peuple français le bienfait des poids et mesures uniformes et invariables, et prendre les moyens les plus efficaces pour en faciliter l'introduction dans toute la République, décrète :

Art. 1er. (Disposition transitoire.)

Art. 2. Il n'y aura qu'un seul étalon des poids et mesures pour toute la République ; ce sera une règle en platine sur laquelle sera tracé le *mètre*, qui a été adopté pour l'unité fondamentale de tout le système des mesures.

Cet étalon sera exécuté avec la plus grande précision, d'après les expériences et les observations des commissaires chargés de sa détermination, et il sera déposé près du Corps législatif, ainsi que le procès-verbal des opérations qui auront servi à le déterminer, afin qu'on puisse les vérifier dans tous les temps.

Art. 3. Il sera envoyé dans chaque chef-lieu de district un modèle conforme à l'étalon prototype dont il vient d'être parlé, et en outre un modèle de poids exactement déduit du système des nouvelles mesures. Ces modèles serviront à la fabrication de toutes les sortes de mesures employées aux usages des citoyens.

Art. 4. L'extrême précision qui sera donnée à l'étalon en platine ne pouvant pas influer sur l'exactitude des mesures usuelles, ces mesures continueront d'être fabriquées d'après la longueur du mètre adoptée par les décrets antérieurs.

Art. 5. Les nouvelles mesures seront distinguées dorénavant par le surnom de *républicaines* ; leur nomenclature est définitivement adoptée comme il suit :

On appellera :

Mètre, la mesure de longueur égale à la dix-millionième partie de l'arc du méridien terrestre compris entre le pôle boréal et l'équateur ;

Are, la mesure de superficie pour les terrains, égale à un carré de dix mètres de côté ;

Stère, la mesure destinée particulièrement au bois de chauffage, et qui sera égale au mètre cube ;

Litre, la mesure de capacité, tant pour les liquides que pour les matières sèches, dont la contenance sera celle du cube de la dixième partie du mètre ;

Gramme, le poids absolu d'un volume d'eau pure égal au cube de la centième partie du mètre, à la température de la glace fondue ;

Enfin, l'unité des monnaies prendra le nom de *franc*, pour remplacer celui de *livre* usité jusqu'aujourd'hui.

ART. 6. La dixième partie du mètre se nommera *décimètre*, et sa centième partie *centimètre* ; on appellera *décamètre* une longueur égale à dix mètres ; ce qui fournit une mesure très-commode pour l'arpentage.

Hectomètre signifiera la longueur de cent mètres.

Enfin, *kilomètre* et *myriamètre* seront des longueurs de mille et de dix mille mètres, et désigneront principalement les distances itinéraires.

ART. 7. Les dénominations des mesures des autres genres seront déterminées d'après les mêmes principes que celles de l'article précédent.

Ainsi, *décilitre* sera une mesure de capacité dix fois plus petite que le litre ; *centigramme* sera la centième partie du poids d'un gramme.

On dira de même *décalitre* pour désigner une mesure contenant dix litres, *hectolitre* pour une mesure égale à cent litres ; un *kilogramme* sera un poids de mille grammes.

On composera d'une manière analogue les noms de toutes les autres mesures.

Cependant, lorsqu'on voudra exprimer les dixièmes ou les centièmes du franc, unité des monnaies, on se servira des mots *décime* et *centime*, déjà reçus en vertu des décrets antérieurs.

ART. 8. Dans les poids et les mesures de capacité, chacune des mesures décimales de ces deux genres aura son double et sa moitié, afin de donner à la vente des divers objets toute la commodité que l'on peut désirer : il y aura donc le *double litre* et le *demi-litre*, le *double hectogramme* et le *demi-hectogramme*, et ainsi des autres.

ART. 9. (Disposition transitoire.)

Art. 10. Les opérations relatives à la détermination de l'unité des mesures de longueur et de poids, déduites de la grandeur de la terre, commencées par l'Académie des sciences et suivies par la commission temporaire des mesures, en conséquence des décrets des 8 mai 1790 et 1er août 1793, seront continuées, jusqu'à leur entier achèvement, par des commissaires particuliers choisis principalement parmi les savants qui y ont concouru jusqu'à présent, et dont la liste sera arrêtée par le comité d'instruction publique. Au moyen de ces dispositions, l'administration dite *commission temporaire des poids et mesures* est supprimée.

Art. 11. Il sera formé en remplacement une agence temporaire, composée de trois membres, etc.

Art. 12. (Dispositions transitoires.)

Art. 13. La fabrication des mesures républicaines sera faite, autant qu'il sera possible, par des machines, afin de réunir à l'exactitude la facilité et la célérité dans les procédés, et, par conséquent, de rendre l'achat des mesures d'un prix médiocre pour les citoyens.

Art. 14. L'agence temporaire favorisera la recherche des machines les plus avantageuses; elle en commandera, s'il est besoin, aux artistes les plus habiles, ou les proposera au concours, suivant les circonstances. Elle pourra aussi accorder des encouragements en avances, matières ou machines, aux entrepreneurs qui prendraient des engagements convenables pour quelque partie importante de la fabrication des nouveaux poids et mesures. Mais, dans tous les cas, l'agence sera tenue de prendre l'autorisation du comité d'instruction publique.

Art. 15. L'agence temporaire déterminera les formes des différentes sortes de mesures, ainsi que les matières dont elles devront être faites, de manière que leur usage soit le plus avantageux possible.

Art. 16. Il sera gravé sur chacune de ces mesures leur nom particulier; elles seront marquées, en outre, du poinçon de la République, qui en garantira l'exactitude.

Art. 17. Il y aura à cet effet, dans chaque district, des vérificateurs chargés de l'apposition du poinçon. La détermination de leur nombre et de leurs fonctions fera partie des règlements que l'agence préparera, pour être ensuite soumis à la Convention nationale par son comité d'instruction publique.

Art. 18 et 19. (Dispositions transitoires.)

Art. 20. Pour faciliter les relations commerciales entre la France et les nations étrangères, il sera composé, sous la direction de l'agence, un ouvrage qui offrira les rapports des mesures françaises avec celles des principales villes de commerce des autres peuples.

Art. 21, 22 et 23. (Dispositions transitoires.)

Art. 24. Aussitôt après la publication du présent décret, toute fabrication des anciennes mesures est interdite en France, ainsi que toute importation des mêmes objets venant de l'étranger, à peine de confiscation et d'une amende du double de la valeur desdits objets.

Art. 25. Dès que l'étalon prototype des mesures de la République aura été déposé au Corps législatif par les commissaires chargés de sa confection, il sera élevé un monument pour le conserver et le garantir de l'injure des temps.

L'agence temporaire s'occupera d'avance du projet de ce monument, destiné à consacrer, de la manière la plus indestructible, la création de la République, les triomphes du peuple français, et l'état d'avancement où les lumières sont parvenues dans son sein.

Art. 26 et 27. (Dispositions transitoires.)

Art. 28. Il est enjoint à toutes les autorités constituées, ainsi qu'aux fonctionnaires publics, de concourir de tout leur pouvoir à l'opération importante du renouvellement des poids et mesures.

IX.

Loi du 19 frimaire an VIII.

La commission du conseil des Anciens, créée par la loi du 19 brumaire an VIII, délibérant sur la proposition formelle de la commission consulaire exécutive, contenue dans son message du 4 de ce mois, d'adopter définitivement le mètre et le kilogramme déposés au Corps législatif par l'Institut national des sciences et des arts, et de frapper une médaille qui transmette à la postérité l'opération qui lui sert de base; — Considérant qu'on ne peut trop s'empresser de fixer la valeur du mètre et du kilogramme avec toute la précision que lui assurent les travaux des savants qui l'ont déterminée, et de consacrer l'époque glorieuse, pour la nation française, à laquelle a été consommée une opération aussi vaste et d'un aussi grand intérêt....) — Approuve l'acte d'urgence et la résolution suivante :

Art. 1er. La fixation provisoire de la longueur du mètre à 3 pieds 11 lignes 44 centièmes, ordonnée par les lois des 1er août 1793 et 18 germinal an III, demeure révoquée et comme non avenue. Ladite longueur, formant la dix-millionième partie de l'arc du méridien terrestre compris entre le pôle nord et l'équateur, est définitivement fixée, dans son rapport avec les anciennes mesures, à 3 pieds 11 lignes 296 millièmes.

Art. 2. Le mètre et le kilogramme en platine, déposés le 4 messidor dernier au Corps législatif par l'Institut national des sciences et des arts, sont les étalons définitifs des mesures de longueur et de poids.

Art. 3. (Cet article maintient la nomenclature adoptée par la loi du 18 germinal an III, et renouvelée plus tard par la loi du 4 juillet 1837.)

Art. 4. Il sera frappé une médaille pour transmettre à la postérité l'époque à laquelle le système métrique a été porté à sa perfection, et l'opération qui lui sert de base.

L'inscription du côté principal de la médaille sera : *A tous les temps, à tous les peuples !*

Décret du 12 février 1812.

(Malgré l'abrogation de ce décret [loi du 4 juillet 1837], il nous paraît indispensable d'en rappeler les dispositions, parce que, pendant 28 ans, il aura été la loi de la matière, et qu'il sera longtemps nécessaire d'y recourir pour l'intelligence des ouvrages ou des contrats rédigés sous son empire.)

Désirant faciliter et accélérer l'établissement de l'uniformité des poids et mesures dans notre Empire.

Art. 1er. Il ne sera fait aucun changement aux unités des poids et mesures, telles qu'elles ont été fixées par la loi du 19 frimaire an VIII.

Art. 2. Notre ministre de l'intérieur fera confectionner, pour l'usage du commerce, des instruments de pesage et de mesurage qui présentent soit les fractions, soit les multiples desdites unités le plus en usage dans le commerce et accommodés aux besoins du peuple.

Art. 3. Ces instruments porteront, sur leurs diverses faces, la comparaison des divisions et des dénominations établies par les lois, avec celles anciennement en usage.

Art. 4. Nous nous réservons de nous faire rendre compte, après un délai de dix années, des résultats qu'aura fournis l'expérience sur les perfectionnements que le système des poids et mesures serait susceptible de recevoir.

Art. 5. En attendant, le système légal conti-

nuera à être seul enseigné dans toutes les écoles, y
compris les écoles primaires, et à être seul employé dans toutes les administrations publiques,
comme aussi dans les marchés, halles, et dans
toutes les transactions commerciales et autres entre
nos sujets.

XI

Loi du 4 juillet **1837**.

Art. 1er. Le décret du 12 février 1812, concernant les poids et mesures, est et demeure abrogé.

Art. 2. Néanmoins, l'usage des instruments de
pesage et de mesurage confectionnés en exécution
des articles 2 et 3 du décret précité, sera permis
jusqu'au 1er janvier 1840.

Art. 3. A partir du 1er janvier 1840, tous poids
et mesures autres que les poids et mesures établis
par les lois des 18 germinal an III et 19 frimaire
an VIII, constitutives du système métrique décimal,
seront interdits sous les peines portées par l'article
479 du Code pénal.

Art. 4. Ceux qui auront des poids et mesures
autres que les poids et mesures ci-dessus reconnus,
dans leurs magasins, boutiques, ateliers ou maisons de commerce, ou dans les halles, foires ou
marchés, seront punis, comme ceux qui les emploieront, conformément à l'article 479 du Code
pénal.

Art. 5. A compter de la même époque, toutes dénominations de poids et mesures autres que celles
portées dans le tableau annexé à la présente loi, et
établies par la loi du 18 germinal an III, sont interdites dans les actes publics, ainsi que dans les
affiches et les annonces.

Elles sont également interdites dans les actes
sous seing privé, les registres de commerce et autres
écritures privées produits en justice.

Les officiers publics contrevenants seront passibles d'une amende de 20 francs, qui sera recouvrée sur contrainte, comme en matière d'enregistrement.

L'amende sera de 10 francs pour les autres contrevenants ; elle sera perçue pour chaque acte ou écriture sous signature privée ; quant aux registres de commerce, ils ne donneront lieu qu'à une seule amende pour chaque contestation dans laquelle ils seront produits.

Art. 6. Il est défendu aux juges et arbitres de rendre aucun jugement ou décision en faveur des particuliers, sur des actes, registres ou écrits dans lesquels les dénominations interdites par l'article précédent auraient été insérées, avant que les amendes encourues aux termes dudit article aient été payées.

Art. 7. Les vérificateurs des poids et mesures constateront les contraventions prévues par les lois et règlements concernant le système métrique des poids et mesures.

Ils pourront procéder à la saisie des instruments de pesage et de mesurage dont l'usage est interdit par lesdites lois et règlements.

Leurs procès-verbaux feront foi en justice jusqu'à preuve contraire.

Les vérificateurs prêteront serment devant le tribunal d'arrondissement.

Art. 8. Une ordonnance royale réglera la manière dont s'effectuera la vérification des poids et mesures.

Tableau des mesures légales, annexé à la loi du 4 juillet 1837.

NOMS SYSTÉMATIQUES.	VALEUR.	OBSERVATIONS.
Mesures de longueur.		
Myriamètre...............	Dix mille mètres.	
Kilomètre	Mille mètres.	
Hectomètre...............	Cent mètres.	
Décamètre...............	Dix mètres.	
MÈTRE...............	Unité fondamentale des poids et mesures. — (Dix-millionième partie du quart du méridien terrestre.)	L'étalon prototype en platine, déposé aux archives le 4 messidor, an VII, donne la longueur légale du mètre quand il est à la température zéro.
Décimètre...............	Dixième du mètre.	
Centimètre	Centième du mètre.	
Millimètre...............	Millième du mètre.	
Mesures agraires.		
Hectare...............	Cent ares ou dix mille mètres carrés.	
ARE...............	Cent mètres carrés, carré de dix mètres de côté.	
Centiare...............	Centième de l'are, ou mètre carré.	
Mesures de capacité pour les liquides et les matières sèches.		
Kilolitre...............	Mille litres.	

Suite du tableau.

NOMS SYSTÉMATIQUES.	VALEUR.	OBSERVATIONS.
Hectolitre...............	Cent litres.	
Décalitre...............	Dix litres.	
LITRE.................	Décimètre cube.	
Décilitre...............	Dixième du litre.	

Mesures de solidité.

NOMS SYSTÉMATIQUES.	VALEUR.	OBSERVATIONS.
Décastère............	Dix stères.	
STÈRE...............	Mètre cube.	
Décistère............	Dixième du stère.	

Poids.

NOMS SYSTÉMATIQUES.	VALEUR.	OBSERVATIONS.
....	Mille kilogramm., poids du mètre cube d'eau et du tonneau de mer.	
....	Cent kilogramm., quintal métrique.	
KILOGRAMME............	Mille grammes, poids dans le vide d'un décimètre cube d'eau distillée à la température de quatre degrés centigrades.	L'étalon prototype en platine, déposé aux archives le 4 messidor an VII, donne dans le vide le poids légal du kilogramme.
Hectogramme...........	Cent grammes.	
Décagramme...........	Dix grammes.	
GRAMME...............	Poids d'un centimètre cube d'eau à quatre degrés centigrades.	
Décigramme...........	Dixième du gramme.	

Suite du tableau.

NOMS SYSTÉMATIQUES.	VALEUR.	OBSERVATIONS.
Centigramme............	Centième du gramme.	
Milligramme....	Millième du gramme.	
Monnaies.		
FRANC............	Cinq grammes d'argent au titre de neuf dixièmes de fin.	
Décime...................	Dixième du franc.	
Centime............	Centième du franc.	

Conformément à la disposition de la loi du 18 germinal an III, concernant les poids et les mesures de capacité, chacune des mesures décimales de ces deux genres a son double et sa moitié.

XII.

Extrait de l'ordonnance du 17 avril 1839.

TITRE 1er. — *Des vérificateurs.*

ART. 1er. La vérification des poids et mesures destinés et servant au commerce est faite, sous la surveillance des préfets et sous-préfets, par des agents nommés et révocables par notre ministre secrétaire d'État des travaux publics, de l'agriculture et du commerce.

ART. 2. Un vérificateur est nommé par chaque arrondissement communal; son bureau est établi, autant que possible, au chef-lieu.

Néanmoins, si les besoins du service exigent qu'il

y ait plusieurs bureaux dans un arrondissement, le préfet peut proposer cette disposition à notre ministre secrétaire d'État des travaux publics, de l'agriculture et du commerce, qui l'arrête définitivement, s'il le juge convenable.

Il peut, en outre, être nommé, par notre ministre, des vérificateurs-adjoints, soumis aux mêmes conditions et ayant les mêmes attributions que les vérificateurs.

ART. 3. Nul ne peut exercer l'emploi de vérificateur s'il n'est âgé de vingt-cinq ans accomplis, et s'il n'a subi des examens spéciaux d'après un programme arrêté par notre ministre des travaux publics, de l'agriculture et du commerce.

ART. 4. L'emploi de vérificateur est incompatible avec toutes autres fonctions publiques et toute profession assujettie à la vérification.

ART. 5. Les vérificateurs ne peuvent entrer en fonctions qu'après avoir prêté, devant le tribunal de première instance de l'arrondissement pour lequel ils sont commissionnés, le serment prescrit par la loi du 31 août 1830.

Dans le cas d'un changement de résidence ou de mission temporaire, ils sont tenus seulement de faire viser leur commission et leur acte de serment au greffe du tribunal dans le ressort duquel ils sont envoyés.

ART. 6. Chaque bureau de vérification sera pourvu de l'assortiment nécessaire d'étalons vérifiés et poinçonnés au dépôt des prototypes établi près du ministère des travaux publics, de l'agriculture et du commerce. Ces étalons devront être vérifiés de nouveau au même dépôt, une fois en dix ans.

Les poinçons nécessaires aux vérifications dans les départements seront fabriqués sur les ordres de notre ministre des travaux publics, de l'agriculture et du commerce. Ils porteront des marques distinctes pour chaque année d'exercice.

Les poinçons destinés à la vérification des poids et mesures nouvellement fabriqués ou rajustés, seront différents de ceux qui sont destinés à constater les vérifications périodiques successives.

Art. 7. Les étalons et les poinçons des bureaux de vérification sont conservés par les vérificateurs, sous leur responsabilité et sous la surveillance des préfets et sous-préfets.

Art. 8. Le traitement des vérificateurs est réglé par notre ministre des travaux publics, de l'agriculture et du commerce ; il comprend par abonnement les frais de tournée ordinaire, ceux de bureau, ceux d'entretien et de transport des instruments de vérification, et les frais de confection de matrices de rôles.

Les étalons seront conservés et les opérations seront faites dans le local à ce destiné par l'administration.

Les étalons, les poinçons, les registres et l'ameublement des bureaux sont fournis aux vérificateurs par l'administration.

Les frais de tournées extraordinaires hors de leur arrondissement leur sont remboursés.

Art. 9. Les vérificateurs peuvent être suspendus par les préfets. Il est immédiatement rendu compte de cette mesure à notre ministre des travaux publics, de l'agriculture et du commerce.

Titre II. — *De la vérification.*

Art. 10. Les poids et mesures nouvellement fabriqués ou rajustés seront présentés au bureau du vérificateur, vérifiés et poinçonnés avant d'être livrés au commerce.

Art. 11. Aucun poids ou aucune mesure ne peut être soumis à la vérification, mis en vente ou employé dans le commerce, s'il ne porte, d'une manière distincte et lisible, le nom qui lui est affecté par le système métrique.

et Notre ministre du commerce pourra excepter de l'exécution du présent article les poids ou mesures dont la dimension ne s'y prêterait pas.

ART. 12. La forme des poids et mesures servant à peser ou mesurer les matières de commerce, sera déterminée par des règlements d'administration publique, ainsi que les matières avec lesquelles ces poids et mesures seront fabriqués.

ART. 13. Indépendamment de la vérification primitive dont il est question dans l'article 10, les poids et mesures dont les commerçants compris dans le tableau indiqué à l'article 15 font usage, ou qu'ils ont en leur possession, sont soumis à une vérification périodique, pour reconnaître si la conformité avec les étalons n'a pas été altérée.

Chacune de ces vérifications est constatée par l'apposition d'un poinçon nouveau.

ART. 14. Les fabricants et marchands de poids et mesures ne sont assujettis à la vérification périodique que pour ceux dont ils font usage dans leur commerce.

Les poids, mesures et instruments de pesage et mesurage, neufs ou rajustés, qu'ils destinent à être vendus, doivent seulement être marqués du poinçon de la vérification primitive.

ART. 15. Les préfets dressent, pour chaque département, le tableau des professions qui doivent être assujetties à la vérification.

Ce tableau indique l'assortiment des poids et mesures dont chaque profession est tenue de se pourvoir.

ART. 16. L'assujetti qui se livre à plusieurs genres de commerce doit être pourvu de l'assortiment de poids et mesures fixé pour chacun d'eux, à moins que l'assortiment exigé pour l'une des branches de son commerce ne se trouve déjà compris dans l'une des autres branches des industries qu'il exerce.

ART. 17. L'assujetti qui, dans une même ville,

ouvre au public plusieurs magasins, boutiques ou ateliers distincts et placés dans des maisons différentes et non contiguës, doit pourvoir chacun de ses magasins, boutiques ou ateliers, de l'assortiment exigé pour la profession qu'il y exerce.

Art. 18. La vérification périodique se fait tous les ans dans les chefs-lieux d'arrondissement et dans les communes désignées par le préfet, et tous les deux ans dans les autres lieux. Toutefois, en 1840 elle aura lieu dans toutes les communes indistinctement.

Le préfet règle l'ordre dans lequel les diverses communes du département sont vérifiées.

Art. 19. Le vérificateur est tenu d'accomplir la visite qui lui est assignée pour chaque année, et de se transporter au domicile de chacun des assujettis inscrits au rôle, qui sera dressé conformément à l'article 50.

Il vérifie et poinçonne les poids, mesures et instruments qui lui sont exhibés, tant ceux qui composent l'assortiment obligatoire au minimum, que ceux que le commerçant posséderait de surplus.

Il fait note de tout sur un registre portatif qu'il fait émarger par l'assujetti; et, si celui-ci ne sait ou ne veut signer, il le constate.

Art. 20. La vérification périodique pourra être faite aux sièges des mairies, dans les localités où, conformément aux usages du commerce, et sur la proposition des préfets, notre ministre des travaux publics, de l'agriculture et du commerce jugerait cette opération d'une plus facile exécution, sans toutefois que cette mesure puisse être obligatoire pour les assujettis, et sauf le droit d'exercice à domicile.

Les vérificateurs peuvent toujours faire, soit d'office, soit sur la réquisition des maires et du procureur du roi, soit sur l'ordre du préfet et des sous-préfets, des visites extraordinaires et inopinées chez les assujettis.

Art. 21. Les marchands ambulants qui font usage de poids et mesures sont tenus de les présenter, dans les trois premiers mois de chaque année ou de l'exercice de leur profession, à l'un des bureaux de vérification dans le ressort desquels ils colportent leurs marchandises.

Art. 22. Les balances, romaines ou autres instruments de pesage, sont soumis à la vérification primitive et poinçonnés, avant d'être exposés en vente ou livrés au public.

Ils sont, en outre, inspectés dans leur usage et soumis, sur place, à la vérification périodique.

Art. 23. Les membrures du stère et du double stère, destinées au commerce du bois de chauffage, sont, avant qu'il en soit fait usage, vérifiées et poinçonnées dans les chantiers où elles doivent être employées.

Elles y sont également soumises à la vérification périodique.

Art. 24. Les poids et mesures des bureaux d'octroi, bureaux de poids publics, ponts à bascule, hospices et hôpitaux, prisons et établissements de bienfaisance, et tous les autres établissements publics, sont soumis à la vérification périodique.

Art. 25. Les poids et mesures employés dans les halles, foires et marchés, dans les étalages mobiles, par les marchands forains et ambulants, sont soumis à l'exercice des vérificateurs.

Art. 26. Les visites et exercices que les vérificateurs sont autorisés à faire chez les assujettis, ne peuvent avoir lieu que pendant le jour.

Néanmoins, ils peuvent avoir lieu chez les marchands et débitants, pendant tout le temps que les lieux de vente sont ouverts au public.

Art. 27. Les préfets fixent, par des arrêtés, pour chaque commune, l'époque où la vérification de l'année commence et celle où elle doit être terminée.

A l'expiration du dernier délai ci-dessus, et après

que la vérification aura eu lieu dans la commune,
il est interdit aux commerçants, entrepreneurs et
industriels d'employer et de garder en leur possession des poids, mesures et instruments de pesage
qui n'auraient pas été soumis à la vérification périodique et au poinçon de l'année.

TITRE III. — *De l'inspection sur le débit des marchandises qui se vendent au poids et à la mesure.*

ART. 28. L'inspection du débit des marchandises
qui se vendent au poids ou à la mesure est confiée
spécialement à la vigilance et à l'autorité des préfets, sous-préfets, maires, adjoints et commissaires
de police.

ART. 29. Les maires, adjoints, commissaires et
inspecteurs de police feront, dans leurs arrondissements respectifs, et plusieurs fois dans l'année,
des visites dans les boutiques et magasins, dans les
places publiques, foires et marchés, à l'effet de s'assurer de l'exactitude et du fidèle usage des poids
et mesures.

Ils surveilleront les bureaux publics de pesage
et de mesurage dépendant de l'administration municipale.

Ils s'assureront que les poids et mesures portent
les marques et poinçons de vérification, et que, depuis la vérification constatée par ces marques, ces
instruments n'ont point souffert de variations, soit
accidentelles, soit frauduleuses.

ART. 30. Ils visiteront fréquemment les romaines,
les balances et tous les autres instruments de pesage. Ils s'assureront de leur justesse et de la liberté de leurs mouvements, et constateront les
infractions.

ART. 31. Les maires et officiers de police veille-
ront à la fidélité dans le débit des marchandises
qui, étant fabriquées au moule ou à la forme, se
vendent à la pièce ou au paquet, comme correspon-

dant à un poids déterminé ; néanmoins, les formes ou moules propres aux fabrications de ce genre ne seront jamais réputés instruments de pesage, ni assujettis à la vérification.

ART. 32. Les vases ou futailles servant de récipient aux boissons, liquides ou autres matières, ne seront pas réputés mesures de capacité ou de pesanteur.

Il sera pourvu à ce que, dans le débit en détail, les boissons et autres liquides ne soient pas vendus à raison d'une certaine mesure présumée, sans avoir été mesurés effectivement.

ART. 33. Les arrêtés pris par les préfets en matière de poids et mesures, à l'exception de ceux qui seront pris en exécution de l'article 18, ne seront exécutoires qu'après l'approbation de notre ministre du commerce.

TITRE IV. — *Des infractions et du mode de les constater.*

ART. 34. Indépendamment du droit conféré aux officiers de police judiciaire par le Code d'instruction criminelle, les vérificateurs constatent les contraventions prévues par les lois et règlements concernant les poids et mesures, dans l'étendue de l'arrondissement pour lequel ils sont commissionnés et assermentés.

Ils sont tenus de justifier de leur commission aux assujettis qui le requièrent.

Leurs procès-verbaux font foi en justice jusqu'à preuve contraire, conformément à l'article 7 de la loi du 4 juillet 1837.

ART. 35. Les vérificateurs saisissent tous les poids et mesures autres que ceux maintenus par la loi du 4 juillet 1837.

Ils saisissent également tous les poids, mesures, instruments de pesage et mesurage altérés ou défectueux, ou qui ne seraient pas revêtus des marques légales de la vérification.

Ils déposent à la mairie les objets saisis, toutes les fois que cela est possible.

Art. 36. Ils doivent recueillir et relater les circonstances qui ont accompagné soit la possession, soit l'usage des poids ou des mesures dont l'emploi est interdit.

Art. 37. S'ils trouvent des mesures qui, par leur état d'oxydation, puissent nuire à la santé des citoyens, ils en donnent avis aux maires et aux commissaires de police.

Art. 38. Les assujettis sont tenus d'ouvrir leurs magasins, boutiques et ateliers, et de ne pas quitter leur domicile, après que, par un ban publié dans la forme ordinaire, le maire aura fait connaître, au moins deux jours à l'avance, le jour de la vérification.

Ils sont tenus de se prêter aux exercices toutes les fois qu'ont lieu les visites prévues par les articles 19 et 20.

Art. 39. Dans le cas de refus d'exercice, et toutes les fois que les vérificateurs procèdent chez les débitants, avant le lever et après le coucher du soleil, aux visites autorisées par l'article 26, ils ne peuvent s'introduire dans les maisons, bâtiments ou magasins, qu'en présence, soit du juge de paix ou de son suppléant, soit du maire, de l'adjoint ou du commissaire de police.

Art. 40. Les fonctionnaires dénommés en l'article précédent ne peuvent se refuser à accompagner sur le-champ les vérificateurs, lorsqu'ils en sont requis par eux, et les procès-verbaux qui sont dressés, s'il y a lieu, sont signés par l'officier en présence duquel ils ont été faits, sauf aux vérificateurs, en cas de refus, d'en faire mention auxdits procès-verbaux.

Art. 41. Les vérificateurs dressent leurs procès-verbaux dans les vingt-quatre heures de la contravention par eux constatée. Ils les écrivent eux-mêmes; ils les signent et affirment au plus tard le lendemain de la clôture desdits procès-verbaux, par-devant le maire ou l'adjoint, soit de la commune de leur résidence, soit de celle où l'infraction a été commise. L'affirmation est signée tant par les maires et adjoints que par des vérificateurs.

ART. 42. Leurs procès-verbaux sont enregistrés dans les quinze jours qui suivent celui de l'affirmation, et, conformément à l'article 74 de la loi du 25 mars 1817, ils sont visés pour timbre et enregistrés en débet, sauf à suivre le recouvrement des droits contre les condamnés.

ART. 43. Dans le même délai, ces procès-verbaux sont remis au juge de paix, qui se conforme aux règles établies par les articles 20, 21 et 139 du Code d'instruction criminelle.

ART. 44. Les vérificateurs des poids et mesures sont sous la surveillance des procureurs du Roi, sans préjudice de leur subordination à l'égard de leurs supérieurs dans l'administration.

ART. 45. Si des affiches ou annonces contiennent des dénominations de poids et mesures autres que celles portées dans le tableau annexé à la loi du 4 juillet 1837, les maires, adjoints et commissaires de police sont tenus de constater cette contravention, et d'envoyer immédiatement leurs procès-verbaux au receveur de l'enregistrement.

Les vérificateurs et tous autres agents de l'autorité publique sont tenus également de signaler au même fonctionnaire toutes les contraventions de ce genre qu'ils pourront découvrir.

Les receveurs d'enregistrement, soit d'office, soit d'après ces dénonciations, soit sur la transmission qui leur est faite des procès-verbaux ou rapports, dirigent contre les contrevenants les poursuites prescrites par l'article 5 de la loi précitée.

TITRE V. — *Des droits de vérification.*

ART. 46. La vérification première des poids, me-

sures et instruments de pesage est faite gratuitement.

Il en est de même pour les poids, mesures et instruments de pesage rajustés, qui sont soumis à une
nouvelle vérification.

Art. 47. Les droits de vérification périodique
seront provisoirement perçus conformément au tarif annexé à l'ordonnance du 18 décembre 1825,
modifié par celles du 21 décembre 1832 et du 18
mai 1838.

Art. 48. La vérification périodique des poids,
mesures et instruments de pesage appartenant aux
établissements publics désignés par l'article 24, est
faite gratuitement.

Il en est de même pour les poids, mesures et
instruments de pesage présentés volontairement à
la vérification par des individus non assujettis.

Art. 49. Les droits de la vérification périodique
sont payés pour les poids et mesures formant
l'assortiment obligatoire de chaque assujetti, et
pour les instruments de pesage sujets à la vérification.

Les poids et mesures excédant l'assortiment obligatoire sont vérifiés et poinçonnés gratuitement.

Art. 50. Les états-matrices des rôles sont dressés par les vérificateurs des poids et mesures, d'a-
près le résultat des opérations, qui doivent être
consommées avant le 1er août.

Ces états sont remis aux directeurs des contributions directes, à mesure que les opérations sont
terminées, dans les communes dépendant de la même
perception, et au plus tard, le 1er août de chaque
année.

Art. 51. Les directeurs des contributions directes, après avoir vérifié et arrêté les états-matrices mentionnés à l'article précédent, procèdent à
la confection des rôles, lesquels sont rendus exécutoires par le préfet, pour être mis immédiatement
en recouvrement par les mêmes voies et avec les

mêmes termes de recours, en cas de réclamation, que pour les contributions directes.

Art. 52. Avant la fin de chaque année, il sera dressé et publié des rôles supplémentaires pour les opérations qui, à raison de circonstances particulières, n'auraient pu être faites que postérieurement au délai fixé par l'article 50.

Art. 53. La perception des droits de vérification est faite par les agents du trésor public.

Le montant intégral des rôles est exigible dans la quinzaine de leur publication.

L'article 3 de l'ordonnance du 21 décembre 1832 continuera à être exécuté.

Art. 54. Les remises auxquelles ont droit les agents du trésor pour le recouvrement des contributions, ainsi que des allocations revenant aux directeurs des contributions directes pour les frais de confection des rôles, sont réglées par notre ministre secrétaire d'État des finances.

Titre VI. — *Dispositions générales.*

Art. 55. Les contraventions aux arrêtés des préfets, à ceux des maires et à la présente ordonnance, sont poursuivies conformément aux lois.

Art. 56. Sont abrogés : les proclamations et arrêtés des 27 pluviôse an VI, 19 germinal, 28 messidor et 11 thermidor an VII ; l'arrêté du 7 floréal an VIII ; les arrêtés des 13 brumaire et 29 prairial an IX, et les ordonnances royales des 18 décembre 1825, 7 juin 1826, 21 décembre 1832 et 18 mai 1838, sauf les dispositions des ordonnances des 18 décembre 1825, 21 décembre 1832 et 18 mai 1838, rappelées aux articles 47 et 53 de la présente ordonnance.

Tous arrêtés ministériels pris en vertu du décret du 12 février 1812 cesseront de recevoir leur exécution au 1er janvier 1840.

XLIII.

Observations sur la législation.

Le droit de peser et de mesurer était presque partout un attribut exclusif de la puissance publique. Ce droit appartenait aux seigneurs ou au domaine de l'État. Alors, personne ne pouvait avoir chez soi des balances et des poids au-dessus d'une certaine pesanteur, des instruments de mesurage au-dessus d'une certaine contenance ; de telle sorte que les marchandises au-dessus d'un certain poids ou d'un certain volume, devaient être pesées ou mesurées par les employés des bureaux de pesage et de mesurage publics. L'article 17 du décret du 15 mars 1790 abolit cet état de choses. Depuis cette époque, les citoyens ont pu peser et mesurer eux-mêmes, dans les maisons particulières, les denrées et les marchandises sans aucune condition. Le droit de peser et de mesurer fut également accordé aux commerçants vendant dans leurs magasins, dans leurs boutiques ou dans les halles, sur les foires et les marchés, sous la réserve expresse de n'employer que des poids et mesures légaux. Ce qui fit que le Gouvernement dut faire immédiatement cesser la confusion qui avait régné jusqu'alors, et tenter résolument la réforme depuis si longtemps réclamée en matière de poids et mesures. Les travaux de la Révolution française, entrepris dans ce but, eurent pour résultat les actes législatifs qu'on vient de lire.

Le décret du 8 mai 1790, par lequel l'Académie des sciences est chargée du soin de fixer l'unité naturelle de mesure et de poids ;

Le décret du 26-30 mars 1791, par lequel l'Assemblée constituante, d'après l'avis de l'Académie des sciences, adopte la grandeur du quart du méridien terrestre pour base du nouveau système de mesures ;

Le décret du 1er août 1793, par lequel le nouveau système est fondé, non-seulement sur la mesure du méridien de la terre, mais aussi sur la division décimale, et par lequel la construction des premiers étalons est ordonnée, ainsi que leur acquisition par toutes les municipalités de l'Empire français;

La loi du 18 germinal an III, qui arrête la nomenclature des nouveaux poids et mesures, et crée des vérificateurs dans chaque district;

Et la loi du 19 frimaire an VIII, qui fixe définitivement la longueur du *mètre* et le poids du *kilogramme.*

Faussé dans son application par le décret impérial du 12 février 1812, et surtout par l'arrêté ministériel du 28 mars de la même année, le système métrique a été rétabli dans sa simplicité et sa rigueur primitives par la loi du 4 juillet 1837, qui a supprimé complètement, à partir du 1er janvier 1840, l'usage toléré jusqu'alors des mesures anciennes imparfaitement accordées au système métrique.

Enfin l'ordonnance du 17 avril 1839, rendue conformément à l'article 8 de la loi du 4 juillet 1837, règle ce qui concerne : 1° les vérificateurs ou agents du Gouvernement chargés de la vérification des poids et mesures destinés ou servant au commerce; 2° la vérification elle-même; 3° l'inspection sur le débit des marchandises qui se vendent au poids et à la mesure; 4° les infractions et le mode de les constater; 5° les droits de vérification.

Mais ces dispositions législatives ne sont pas les seules qui aient paru sur cette importante matière. M. Dalloz, dans son savant traité de jurisprudence générale, ne donne pas l'analyse ou le texte de moins de 56 décrets, lois, arrêtés ou ordonnances ayant paru du 15 mars 1790 au 15 juillet 1853; et, selon M. J. Béranger, depuis le 15 mars 1790 jusqu'en 1840, on dut édicter 73 actes de cette nature, sans compter environ 250 instructions ministérielles.

Les préjugés qui plaidaient en faveur des anciens systèmes, étaient trop nombreux et trop anciens pour disparaître avec toute la rapidité désirable. Aussi le législateur dut-il bien des fois céder à l'empire d'habitudes invétérées. Le décret de 1812, entre autres, nous en fournit un exemple. D'un autre côté, les institutions nouvelles n'étant pas toujours portées de prime-abord à la perfection, en ce qui concerne le système métrique, on eut souvent à rapporter ou à modifier des décisions antérieures : d'où ce nombre prodigieux de documents officiels pour opérer l'introduction du système décimal au sein des masses.

Si nous nous bornions ici à la transcription de ceux qui précèdent, c'est que nous pensons que, combinés avec ceux que nous reproduisons plus loin, ils donneront une idée suffisante de la constitution du système métrique français, et devront, dans la généralité des cas, suffire aussi bien au public dans l'exercice de ses droits qu'aux assujettis dans l'accomplissement de leurs devoirs. Le plan de cet ouvrage ne permettait pas, d'ailleurs, de donner les textes entiers de tous ces documents législatifs, dont le plus grand nombre est abrogé par le fait, et n'a plus d'application possible à cause des lois nouvelles.

DEUXIÈME PARTIE.

RÉGLEMENTATION

XIV

Considérations générales.

Conformément à la disposition de la loi du 18 germinal an III, chacune des unités principales des *poids* et *mesures de capacité*, ainsi que chacun de leurs multiples et sous-multiples, a son *double* et sa *moitié*. Les réglements aujourd'hui en vigueur maintiennent cette disposition. Il y a exception toutefois pour le *kilolitre*, omis par l'ordonnance du 16 juin 1839. Ce multiple du litre n'est plus aujourd'hui qu'un terme sans application. Par le fait, son double et sa moitié cessent aussi d'exister. Mais, d'un autre côté, le *centilitre* et le *double centilitre*, dont ne fait pas mention le tableau des mesures légales annexé à la loi du 4 juillet 1837, ont été ajoutés à la série des mesures de capacité par l'ordonnance du 16 juin 1839. Quant aux poids, il n'y a d'exception à la disposition dont il s'agit qu'à l'égard du *milligramme*, qui ne comporte aucune division.

En ce qui touche les mesures linéaires, l'ordonnance du 16 juin 1839 a aussi introduit le *double décamètre*, le *demi-décamètre*, le *double mètre*, le *demi-mètre* et le *double décimètre* ; elle a enfin créé le *demi-décastère* et le *double stère*, pour servir, avec le *stère*, au mesurage des bois à brûler.

Les mesures qui n'existent que de nom, bien qu'elles puissent facilement se concevoir ou se réaliser, sont dites, pour cela, *mesures fictives* ; celles qui, au contraire, existent réellement et ont dans le commerce une valeur matériellement exprimée, ont été nommées *mesures effectives*.

Il n'y a de mesures effectives que celles dont la
forme et les dimensions ont été réglementées par
l'ordonnance du 16 juin 1839 et des actes officiels
qui en sont le complément. Faisant connaître les
conditions de leur fabrication, cette ordonnance a
fixé, pour chaque genre, la série des seules mesures
ou des seuls poids parmi lesquels le marchand, en
raison de sa profession ou de son industrie, puisse
chercher ceux qui conviennent, tant à la nature
qu'à l'importance de ses opérations. Il importe
donc que tout le monde ait connaissance des principales prescriptions qu'elle renferme, ainsi que
des modifications les plus remarquables dont elle a
été l'objet depuis sa publication jusqu'à ce jour.
Nous la donnerons donc textuellement, après avoir
complété ces considérations générales.

Les conditions de la fabrication des poids et mesures doivent être soigneusement posées, parce
que, d'une part, suivant les témoignages de la
science et de l'expérience, l'exactitude des instruments en dépend, et que, d'autre part, les vérificateurs, chargés d'apposer les poinçons de la garantie
publique, ont à recevoir des directions certaines,
qui, en excluant l'arbitraire, déterminent ce qu'ils
doivent admettre à la vérification ou ce qu'ils doivent en repousser.

Aussi de telles conditions ont-elles toujours été
imposées par l'autorité, suivant le droit qu'en a
établi la loi du 18 germinal an III. Elle avait confié ce droit à une agence des poids et mesures,
qu'elle avait temporairement créée. Une autre loi
du 24 pluviôse an IV, supprimant l'agence, en fit
passer les attributions au ministère. En possession
de ce pouvoir, l'agence et les ministres en ont usé;
mais jamais ils n'y avaient employé que la voie des
instructions et des circulaires. En 1839, il a paru
convenable qu'une telle autorité remontât au chef
de l'État, et s'exerçât par des règlements d'administration publique.

Celui dont nous nous occupons n'est rien venu ordonner de nouveau. Les détails techniques qu'il consacre sont puisés dans les instructions antérieures restées obligatoires et seulement révisées. Les formes qui y sont déterminées sont prescrites depuis l'an III. Elles ont toujours été suivies pour les mesures. Un arrêté consulaire du 7 floréal an VIII avait dispensé les poids de l'uniformité; mais on a fait peu d'usage de cette liberté. Elle avait été l'occasion de quelques fraudes. Des poids vides trompaient la vue de l'acheteur par l'apparence de leur volume. Les préfets de police, à différentes époques, le désir des fabricants et le vœu des commissions qu'on a consultées, ont porté à revenir, pour les poids comme pour les mesures, aux modèles de l'an III, presque universellement employés.

Mais le commerce n'a point eu à sacrifier immédiatement à cette uniformité les instruments qu'il avait entre les mains, si, sans être conformes aux modèles, ils correspondaient aux divisions décimales légalement admises, et ne portaient aucun caractère qui les rendît incompatibles avec les dispositions de la loi du 4 juillet 1837. Ces instruments continuent à être admis à la vérification périodique tant qu'ils conservent l'exactitude requise. Ils peuvent être même rajustés, toutefois sans pouvoir être remontés à neuf. Ainsi ont été conciliés les ménagements dus à l'existence d'un matériel considérable et le soin de tendre à une régulière uniformité.

XV.

Ordonnance du 16 juin 1839.

ART. 1er. A dater du 1er janvier 1840, les poids, mesures et instruments de pesage et de mesurage ne seront reçus à la vérification première qu'autant qu'ils réuniront les conditions d'admission indiquées dans les tableaux annexés à la présente ordonnance.

Art. 2. Les poids, mesures et instruments de pesage, portant la marque de vérification première, et qui réuniront d'ailleurs les conditions exigées jusqu'ici, seront admis à la vérification périodique, *savoir* :

Les mesures décimales de longueur, après qu'on aura fait disparaître les divisions et les noms relatifs aux anciennes dénominations ;

Les mesures décimales pour les matières sèches, quelle que soit l'espèce de bois dont elles seront construites ;

Les mesures décimales en étain, quel que soit leur poids ;

Les poids décimaux en fer et en cuivre, quelle que soit leur forme, après qu'on aura fait disparaître l'indication relative aux anciennes dénominations, et pourvu qu'ils portent, sur la surface supérieure, les noms qui leur sont propres ;

Les poids décimaux en fer et en cuivre, portant uniquement leurs noms exprimés en myriagrammes, kilogrammes, hectogrammes ou décagrammes ;

Les poids décimaux à l'usage des balances-bascules, pourvu qu'ils ne portent pas d'autre indication que celle de leur valeur réelle ;

Enfin les romaines dont on aura fait disparaître les anciennes divisions et dénominations, pourvu qu'elles soient graduées en divisions décimales, et reconnues oscillantes.

Les poids et mesures décimaux placés dans une des catégories qui précèdent, ne pourront être conservés par les assujettis qu'autant qu'ils auront subi, avant l'époque de la vérification périodique de l'année 1840, les modifications exigées ; ces poids et mesures pourront être rajustés, mais ils ne devront pas être remontés à neuf.

Art. 3. Tous les poids et mesures autres que ceux

qui sont provisoirement permis par l'article 2 de la présente ordonnance, seront mis hors de service à partir du 1er janvier 1840.

Art. 4. Il sera déposé dans tous les bureaux de vérification, des modèles ou des dessins des poids et mesures légalement autorisés, pour être communiqués à tous ceux qui voudront en prendre connaissance.

XVI.

N° 1. — Mesures de longueur.

Double décamètre.
Décamètre.
Demi-décamètre.
Double mètre.
Mètre.
Demi-mètre.
Double décimètre.
Décimètre.

Ces mesures devront être construites en métal, en bois ou autre matière solide.

Elles pourront être établies dans la forme qui conviendra le mieux aux usages auxquels elles sont destinées.

Indépendamment des mesures d'une seule pièce, il est permis de faire des mesures brisées, pourvu que le nombre de leurs parties soit deux, cinq ou dix.

Les mesures devront être construites avec solidité.

Des garnitures en métal devront être adaptées aux extrémités des mesures en bois du mètre, de son double et de sa moitié.

Les divisions en centimètres ou millimètres devront être exactes, déliées, et d'équerre avec la longueur de la mesure.

Le nom propre à chaque mesure sera gravé sur

la face supérieure de la mesure, qui devra porter aussi le nom ou la marque du fabricant.

Le décamètre, son double et sa moitié, construits en forme de chaîne, devront avoir des chaînons d'une force suffisante et de la longueur de 2 ou 5 décimètres ; les anneaux à chaque mètre seront exécutés avec un métal d'une couleur différente de celui employé pour les autres anneaux.

Nº 2. — Mesures de capacité pour les matières sèches.

Hectolitre.
Demi-hectolitre.
Double décalitre.
Décalitre.
Demi-décalitre.
Double litre.
Litre.
Demi-litre.
Double décilitre.
Décilitre.
Demi-décilitre.

Les mesures de capacité pour les matières sèches devront être construites dans la forme cylindrique, et auront intérieurement le diamètre égal à la hauteur.

Les mesures en bois ne pourront être faites qu'en bois de chêne ; elles devront être établies avec solidité dans toutes leurs parties.

Pour les mesures qui seront garnies intérieurement de potences ou autres corps saillants, la hauteur sera augmentée proportionnellement au volume de ces objets.

Les mesures en bois devront être formées d'une éclisse ou feuille courbée sur elle-même et fixée par des clous.

Toutes les mesures en bois devront être garnies à la partie supérieure d'une bordure en tôle rabattue.

Les mesures, depuis et compris le double décalitre jusqu'à l'hectolitre, devront en outre être ferrées : on pourra, suivant l'usage auquel elles sont destinées, y adapter des pieds fixés avec boulons et écrous.

Les mesures en bois de plus petite dimension pourront être garnies de bandes latérales en tôle.

On pourra fabriquer des mesures pour les matières sèches, en cuivre ou en tôle, pourvu qu'elles soient établies avec solidité et dans la forme ci-dessus prescrite.

Chaque mesure doit porter le nom qui lui est propre : le nom ou la marque du fabricant sera appliquée sur le fond de la mesure.

XVIII.

N° 3.—Mesures de capacité pour les liquides.

Les noms et la forme affectés aux mesures de capacité pour les matières sèches, dans le tableau n° 2, serviront de règle pour la construction des mêmes mesures employées pour les liquides, depuis l'hectolitre jusqu'au demi-décalitre inclusivement. Elles pourront être établies en cuivre, tôle ou fonte, mais sous la réserve expresse de prévenir, par l'étamage ou autre procédé analogue, toute altération ou oxydation de nature à présenter des dangers dans l'usage de ces sortes de mesures.

Les mesures du double litre et au-dessous devront être construites exclusivement en étain, et auront intérieurement la hauteur double du diamètre. Elles auront le poids déterminé ci-après comme minimum obligatoire pour chacune des espèces de mesures.

NOMS DES MESURES	POIDS DES MESURES (EN GRAMMES.)		
	Sans anses ni couvercles.	Avec anses sans couvercles.	Avec anses et couvercles.
Double litre...	1,350	1,700	2,200
Litre......	900	1,100	1,350
Demi-litre......	525	650	820
Double décilitre.	280	335	420
Décilitre..	145	180	240
Demi-décilitre.	85	110	140
Double centilitre	45	60	85
Centilitre.	25	35	50

Le titre de l'étain employé pour la fabrication des mesures reste fixé à 83 centièmes 5 millièmes, avec une tolérance de 1 centième 5 millièmes; ainsi, le métal dont les mesures seront fabriquées, ne doit pas contenir moins de 82 centièmes d'étain pur, et plus de 18 centièmes d'alliage.

Ces mesures devront conserver intérieurement, et sur le bord supérieur, la venue du moule ; elles devront être sans soufflures ni autres imperfections.

Le nom propre à chaque mesure devra être inscrit sur le corps de la mesure. Le nom ou la marque du fabricant devra être apposé sur le fond.

On pourra construire des mesures en ferblanc depuis le double litre jusqu'au décilitre ; mais ces sortes de mesures, exclusivement réservées *pour le lait*, devront être établies dans la forme cylindrique, ayant le diamètre égal à la hauteur, conformément à ce qui est prescrit dans le tableau n° 2 pour les mesures destinées aux matières sèches : elles seront garnies d'une anse ou d'un crochet égale-

ment en ferblanc, et porteront le nom qui leur est
propre sur le cercle supérieur rabattu et servant
de bordure. On aura soin de placer, pour recevoir
les marques de vérification, deux gouttes d'étain
aplaties : l'une au bord supérieur, l'autre à la jonction du fond de chaque mesure, qui devra porter
aussi le nom ou la marque du fabricant.

XIX.

Nº 4.—Poids en fer.

Les poids devront être construits en fonte de
fer : leurs noms sont indiqués ci-après, ainsi que
la dénomination abréviative, qui devra être inscrite
sur chacun d'eux, en caractères lisibles.

NOMS DES POIDS.	ABRÉVIATIONS qui devront être indiquées sur la SURFACE SUPÉRIEURE.
50 kilogrammes..............	50 kilog.
20 kilogrammes..............	20 kilog.
10 kilogrammes..............	10 kilog.
5 kilogrammes..............	5 kilog.
Double kilogramme..............	2 kilog.
Kilogramme..............	1 kilog.
Demi-kilogramme..............	1/2 kilog.
	5 hectog.
Double hectogramme..............	2 hectog.
Hectogramme..............	1 hectog.
Demi-hectogramme..............	1/2 hectog.

Les poids en fer de 50 et de 20 kilogrammes devront être établis en la forme de pyramide tronquée, arrondie sur les angles, et ayant pour base un parallélogramme.

Les autres poids en fer, depuis celui de 10 kilogrammes jusqu'au demi-hectogramme inclusivement, devront être établis en forme de pyramide tronquée ayant pour base un hexagone régulier.

Les anneaux dont les poids sont garnis devront être placés de manière à ne pas dépasser l'arête des poids.

Chaque anneau devra être en fer forgé, rond et soudé à chaud.

Chaque anneau, attaché par un lacet, devra entrer sans difficulté dans la rainure pratiquée sur le poids pour le recevoir.

Chaque lacet devra être en fer forgé, et construit solidement, tant au sommet qui embrasse l'anneau qu'aux extrémités de ses branches, lesquelles doivent être rabattues et enroulées par dessous, pour retenir le plomb nécessaire à l'ajustage.

Les poids en fer ne doivent présenter à leur surface ni bavures ni soufflures, et la fonte ne doit être ni aigre ni cassante.

Chaque poids doit être garni, aux extrémités du lacet, d'une quantité suffisante de plomb coulé d'un seul jet, destinée à recevoir les empreintes des poinçons de vérification première et périodique, ainsi que la marque du fabricant qui doit y être apposée.

XX.

Nº 8. — **Poids en cuivre.**

Les poids en cuivre sont indiqués ci-après, ainsi que la dénomination qui devra être inscrite sur chacun d'eux.

NOMS DES POIDS.	DÉNOMINATIONS qui doivent être appliquées sur la SURFACE SUPÉRIEURE.
20 kilogrammes............	20 kilogrammes.
10 kilogrammes............	10 kilogrammes.
5 kilogrammes............	5 kilogrammes.
Double kilogramme............	2 kilogrammes.
Kilogramme............	1 kilogramme.
Demi-kilogramme............	500 grammes.
Double hectogramme............	200 grammes.
Hectogramme............	100 grammes.
Demi-hectogramme............	50 grammes.
Double décagramme............	20 gram.
Décagramme............	10 gram.
Demi-décagramme............	5 gram.
Double gramme............	2 gram.
Gramme............	1 gram.
Demi-gramme............	5 décig.
Double décigramme............	2 décig.
Décigramme............	1 décig.
Demi-décigramme............	5 centig.
Double centigramme............	2 C. G.
Centigramme............	1 C. G.
Demi-centigramme............	5 M. G.
Double milligramme............	2 M.
Milligramme............	1 M.

La forme des poids en cuivre, depuis et compris celui de 20 kilogrammes jusqu'au gramme, sera celle d'un cylindre surmonté d'un bouton; la hauteur du cylindre sera égale à son diamètre, pour tous les poids, jusqu'à celui de 5 grammes inclusivement; la hauteur de chaque bouton sera égale à la moitié du diamètre du cylindre qui le supporte. Ces dispositions ne seront pas applicables aux poids d'un et de deux grammes, qui auront le diamètre plus fort que la hauteur.

Les poids, depuis et compris le 5 décigrammes jusqu'au milligramme, se feront avec des lames de laiton mince, coupées carrément.

Les poids en cuivre cylindriques et à bouton pourront être massifs, ou contenir dans leur intérieur une certaine quantité de plomb ; mais ils devront toujours présenter le même volume. Ces poids peuvent être faits d'un seul jet ou formés de deux pièces seulement, savoir : le cylindre et le bouton ; mais, dans ce dernier cas, le bouton devra être monté à vis sur le corps du poids, et fixé invariablement par une cheville, ou petite vis, à fleur de la surface. Cette cheville sera en cuivre rouge, afin de la distinguer facilement.

On pourra aussi construire des poids en cuivre d'un kilogramme ou d'un de ses sous-multiples, dans la forme de godets coniques qui s'empilent les uns dans les autres, et se trouvent ainsi renfermés dans une boîte qui est elle-même un poids légal.

La surface des poids en cuivre devra être nette, et ne laisser apercevoir aucun corps étranger qu'on aurait chassé dans le cuivre, ni aucune soufflure qui permettrait d'en introduire.

Les dénominations seront inscrites en creux et en caractères lisibles sur la surface supérieure des poids : chaque poids devra porter le nom ou la marque du fabricant.

XXI.

N° 6. — Instruments de pesage.

Les instruments de pesage sont :
1° Les balances à bras égaux ;
2° Les balances-bascules ;
3° Les romaines.

Les balances à bras égaux, désignées sous le nom de balances de magasin ou de comptoir, devront être solidement établies. Les fléaux devront être plus larges qu'épais, principalement au centre, occupé par les couteaux ou pivots qui les traversent perpendiculairement, et dont les arêtes devront former une ligne droite. Les points extrêmes de suspension devront être placés à égale distance de ces couteaux. Les fléaux ne devront pas vaciller dans les chapes. Les balances devront être oscillantes ; leur sensibilité demeure fixée à un deux millième du poids d'une portée.

Les balances-bascules devront être oscillantes, et établies de manière à donner, quel que soit le poids dont on charge le tablier, un rapport exact de 1 à 10. Ces instruments, dont la portée ne peut être moindre de 100 kilogrammes, devront être solidement construits. Il ne pourra être employé à leur usage que des poids fabriqués suivant les formes et dénominations prescrites dans le tableau n° 4. L'indication de la force de chaque balance-bascule sera exprimée en kilogrammes, sur une plaque de cuivre incrustée dans le montant en bois. La sensibilité pour ces sortes d'instruments demeure fixée à un millième du poids d'une portée.

Les romaines devront être solidement construites. Les couteaux auxquels elles sont suspendues devront avoir une arête assez fine pour faciliter les mouvements du fléau ; les leviers devront être assez forts pour ne pas fléchir sous le poids curseur qui les accompagne. L'aiguille dont chaque levier est traversé par le haut, ne devra pas frotter dans la chape.

Les romaines devront être oscillantes. Toute autre espèce est prohibée.

La sensibilité pour ces instruments demeure fixée à un cinq centième du poids d'une portée.

Les romaines porteront seulement les divisions

décimales représentant les poids légaux. Toute autre division est interdite. Leur portée sera exprimée en kilogrammes sur chacune des faces divisées.

Tout instrument de pesage devra porter le nom ou la marque du fabricant.

XXII.

N° 7. — Instruments de mesurage.

Les membrures qui représentent des mesures de solidité du demi-décastère, du double stère, du stère, et destinées à mesurer le bois de chauffage, seront construites en bon bois; les pièces qui les composent devront être bien dressées et assemblées solidement.

Chaque membrure sera formée d'une sole, de deux montants et de deux contre-fiches; elle doit avoir, de plus, deux sous-traits.

La longueur de la sole, entre les montants, est fixée ainsi qu'il suit,

    Savoir :

Demi-décastère................ 3 mètres.
Double stère.................. 2
Stère 1

Pour les bois coupés à un mètre de longueur, la hauteur des montants sera :

Demi-décastère . . . 1 mètre 667 millimètres;
Double stère et stère. 1 mètre.

Cette hauteur variera suivant la longueur des bois, de manière à toujours reproduire un solide de un, deux ou cinq mètres cubes.

On pourra construire aussi des membrures en fer du double stère et du stère, pourvu qu'elles réunissent les conditions de justesse et de solidité nécessaires, et qu'elles soient garnies de rondelles adhérentes, en étain on en plomb, pour faciliter l'application des marques de vérification.

XXIV.

Monnaies.

Dans l'origine des peuples, la monnaie était inconnue. Les échanges seuls étaient admis, comme le mode le plus naturel de se procurer les choses nécessaires à la vie. Mais on sentit bientôt l'insuffisance de ce moyen, et on finit par adopter un signe représentatif, qui se prêtât plus facilement à la rapidité des transactions. On choisit pour cela les métaux, tels que l'or, l'argent, etc., et, pour donner une garantie sérieuse à leur valeur, on y imprima la figure des souverains. Mais alors, comme aujourd'hui, pour donner plus de dureté à la monnaie et plus de résistance au frottement qu'elle subit, il fut fait un alliage de cuivre à l'argent ou à l'or pur, ce qui donna aux monnaies deux espèces de valeurs : la valeur numéraire et la valeur intrinsèque. La première est celle que les lois reconnaissent aux diverses espèces monétaires d'un même État. La valeur intrinsèque est la quantité d'or ou d'argent pur qui se trouve dans chaque espèce de pièces de monnaie, abstraction faite de l'alliage. C'est sur ce pied que les étrangers reçoivent la monnaie en échange. D'où il suit que les nations qui mettent beaucoup d'alliage dans leurs monnaies, perdent plus, dans leurs échanges, que celles qui font des monnaies avec de l'or ou de l'argent plus fin.

La monnaie étant un signe convenu, sous la protection de l'autorité publique, il faut, dans chaque pays, que l'on reconnaisse et que l'on adopte également, pour la même valeur, les mêmes espèces monétaires. D'abord, dans l'ancien régime, l'uniformité, à cet égard, n'existait pas en France. D'un autre côté, le système de la division des monnaies produisait des calculs compliqués. Pour obvier à ce double inconvénient, les lois nouvelles ont fondé le système monétaire décimal, dont le principe, énoncé dans la loi du 24 août 1793, confirmé par celle du 16 vendémiaire an II, n'a été établi d'une manière expresse que par la loi du 28 thermidor an III. D'après ces lois, où le *franc*, subdivisé en *décimes* et en *centimes*, est adopté pour unité monétaire, toutes nos pièces de monnaie expriment, ou des fractions décimales du franc, ou un nombre de francs multiple ou sous-multiple de 10.

Nous avons actuellement en France trois sortes de monnaies : les monnaies d'or, les monnaies d'argent et les monnaies de bronze. Nos monnaies d'or et d'argent sont composées de 0,9 de fin et de 0,1 de cuivre. Ce qui fait que le signe monétaire français, à poids égal, est inférieur de 0,1 au prix de l'or et de l'argent considérés comme valeur négociable. La monnaie de bronze ne représente pas une valeur réelle; elle n'est qu'une monnaie conventionnelle pour faciliter les relations de tous ordres, et n'a cours obligatoire que comme appoint et jusqu'à concurrence de 4 fr. 99. Elle est composée de 95 parties de cuivre, de 4 d'étain et d'une de zinc.

Tableau des monnaies françaises.

INDICATION ET VALEUR des pièces.		DIAMÈTRE des pièces.	POIDS des pièces.
Pièces d'or	100 francs....	35 millim.	32 gram. 2580
	50 francs....	28 —	16 — 1290
	20 francs....	21 —	6 — 4516
	10 francs....	19 —	3 — 2258
	5 francs....	17 —	1 — 6129
Pièces d'argent.	5 francs....	37 —	25 —
	2 francs....	27 —	10 —
	1 franc....	23 —	5 —
	50 centimes..	18 —	2 — 50
	20 centimes..	15 —	1 —
Pièces de bronze.	10 centimes..	30 —	10 —
	5 centimes..	25 —	5 —
	2 centimes..	20 —	2 —
	1 centime..	15 —	1 —

Il existe encore des pièces d'or de 40 francs; mais, comme des pièces de cette valeur s'écartent de la nomenclature générale, il y a lieu de croire que le gouvernement les retirera tôt ou tard de la circulation.

Suivant la loi, la monnaie d'or a une valeur quinze fois et demie plus grande que la monnaie d'argent à poids égal, et par conséquent un poids quinze fois et demie moindre à valeur égale. Ainsi, par exemple, un kilogramme d'argent valant 200 francs, le kilogramme d'or vaut $200 \times 15,50 = 3100$ francs; et 100 francs en argent pesant 500 grammes, 100 francs en or pèsent $\frac{500}{15,50} = 32$ grammes 2580.

Cent pièces d'un centime ou un franc en bronze pèserait 100 grammes. Or, la pièce d'un franc, en argent, pèse 5 grammes. A poids égal, la monnaie de bronze vaut donc $\frac{100}{5}$ ou 20 fois moins que la monnaie d'argent; à valeur égale, elle pèse par conséquent 20 fois plus.

Les empreintes des monnaies ont subi, suivant les événements politiques qui ont agité la France, des changements qui, rapprochés des faits, forment, aussi bien au point de vue de la législation que de l'histoire, une étude pleine d'intérêt. Laissant à la numismatique le soin de cette étude, nous ne nous occuperons ici que des monnaies du dernier titre, dont les empreintes ont été déterminées par les décrets des 3 mai 1848, 3 janvier et 2 décembre 1852.

Toutes les monnaies françaises sont actuellement frappées à l'effigie de l'Empereur. Elles portent, sur la face, la légende : *Napoléon III, empereur*, et, sur le revers, ces mots : *Empire français*.

Sur le revers des monnaies d'or et d'argent, sont encore gravées, au milieu d'un encadrement de feuilles de chêne et de laurier, la valeur de la pièce et l'année de la fabrication, à l'exception des pièces d'or de 100 francs et de 50 francs, et de la pièce d'argent de 5 francs, où cet encadrement est remplacé par un écusson aux armes impériales, au-dessous duquel se lit le millésime de la pièce.

Le revers des pièces de la monnaie de bronze est rempli par l'aigle impériale, autour de laquelle la valeur de la pièce, exprimée en centimes, est disposée en légende avec ces mots : *Empire français*. La date de la fabrication des pièces de cette monnaie est placée sur la face, précisément au-dessous de l'effigie.

La tranche des pièces d'or de 100 francs, de 50 francs et de 20 francs, et celle de la pièce d'argent de 5 francs, portent ces mots en relief : *Dieu protège la France*. Les pièces d'or de 10 francs et de 5 francs et les pièces d'argent de 2 francs, de 1 franc, de 50 centimes et de 20 centimes, sont seulement cannelées. La tranche des monnaies de bronze est unie et lisse.

Enfin, dans les pièces de la monnaie d'or, l'effigie est tournée à droite, tandis que, dans les pièces de la monnaie d'argent, de même que dans celles de la monnaie de bronze, elle est tournée à gauche.

XXIII.

Additions et modifications à l'ordonnance du 16 juin 1839.

1. — *Mesures à huile.*

En exécution d'une décision ministérielle faisant suite aux précédentes instructions, on pourra se servir, pour la vente des huiles en détail, de mesures en *fer-blanc*, établies dans la forme prescrite pour les *mesures de lait*, par l'ordonnance du 16 juin 1839.

La série des mesures à huile est composée ainsi qu'il suit :

> Litre.
> Demi-litre.
> Double décilitre.
> Décilitre.
> Demi-décilitre.
> Double centilitre.
> Centilitre.

Les mesures destinées à la vente des huiles sont soumises, tant pour leur mode de fabrication que pour leur vérification, aux instructions concernant les mesures pour le lait ; elles devront toutes être garnies d'une anse ; et, de plus, la lettre M devra être estampée sur fala ce extérieure du corps des mesures pour le service de l'huile à manger ; la lettre B distinguera de la même manière celles qui sont destinées à la vente de l'huile à brûler.

2. — *Décision ministérielle du 2 mai 1840.*

Le tableau n° 2, annexé à l'ordonnance du 16 juin 1839, ne fait aucune mention du *double hectolitre*; cependant, pour le mesurage de certaines marchandises, et notamment du charbon de bois, une mesure d'un double hectolitre de capacité paraît devoir être très-utile, et c'est sous ce rapport qu'on en a réclamé l'admission à la vérification et au poinçonnage.

Prenant en considération les convenances du commerce et la possibilité de satisfaire, dans cette circonstance, à la réclamation qui lui a été adressée, l'administration a décidé que les mesures de la capacité d'un double hectolitre pourront recevoir l'empreinte des poinçons de l'Etat, lorsqu'elles réuniront les conditions suivantes :

1° Elles devront être en bois de chêne, en cuivre ou en tôle, dans la forme d'un cylindre dont la hauteur et le diamètre intérieurs, qui devront être de la même dimension, auront 634 millimètres;

2° Elles seront soumises, en tout ce qui concerne leur justesse et leur solidité, aux autres conditions d'admission indiquées dans l'ordonnance du 16 juin 1839 et dans les instructions officielles relatives à la fabrication et à la vérification des mesures de la même espèce.

3. — *Décision ministérielle du 4 juin 1844.*

Les prescriptions du tableau n° 3, annexé à l'ordonnance du 16 juin 1839, relatives à la fabrication des *mesures en étain*, n'ont pas été généralement observées. Des fabricants ont présenté à la vérification première des mesures sans anses, et après le poinçonnage, ces mesures ont reçu des anses confectionnées en matière inférieure dite *claire*. Cet abus, qui porte atteinte à la garantie publique, ne pouvait être toléré. En conséquence, il a été décidé :

1° Que les mesures en étain présentées à la vérification première, devront être établies prêtes à livrer ;

2° Que, pour les mesures sans anses, le poinçon de la vérification première sera exclusivement apposé sur le fond des mesures, à côté de la marque du fabricant (poinçon n° 2) ;

3° Que, pour les mesures avec anses, le poinçon sera apposé sur le corps de la mesure (petit poinçon à presse), ainsi que sur la face antérieure de l'anse (poinçon n° 4) ;

4° Que, pour les mesures avec anses et couvercles, le poinçon sera apposé en trois endroits, savoir : sur le corps de la mesure (petit à presse), sur l'anse (n° 4) et sur le couvercle (idem).

4. — *Décret du 5 novembre 1852.*

ART. 1er. À l'avenir, les bois de noyer ou de hêtre pourront être employés, ainsi que les bois de chêne, pour la fabrication, en feuilles ou éclisses, des mesures de capacité destinées au mesurage des matières sèches.

ART. 2. Les mesures de capacité pour les liquides, notamment pour les huiles et l'alcool, pourront être établies en fer-blanc, mais exclusivement avec celui qui est connu dans le commerce sous la dénomination de *cinq*, de *quatre* ou de *trois croix*. Il n'est pas dérogé par ce décret aux dispositions des tableaux et des instructions annexés à l'ordonnance du 16 juin 1839, en ce qui concerne, soit les mesures pour le lait, soit la forme, les dimensions et les autres garanties que doivent présenter les mesures de capacité mentionnées au présent décret.

5.—*Décision ministérielle du 27 novembre 1852.*

Les *mesures en fer-blanc* dont la construction est autorisée par décret du 5 novembre 1852, devront particulièrement être garnies, aux deux extrémités et au milieu, d'un cercle renforcé, et l'épaisseur du métal employé à leur fabrication devra être au moins de sept dixièmes de millimètre (0 m. 0007.)

6.—*Décision ministérielle du 18 mars 1853.*

1° Suivant l'instruction n° 5 annexée à l'ordonnance du 16 juin 1839, on peut établir les mesures en étain avec ou sans anses, ou les terminer par un rebord formant un bec allongé et par un couvercle fixé par une charnière à la partie supérieure de l'anse. Ensuite d'observations tendant à ce qu'il fût également permis d'adapter aux *mesures en fer-blanc*, dont la fabrication et l'usage dans le commerce ont été autorisés par le décret du 5 novembre 1852, *un rebord muni d'un bec* pour faciliter le transport et le transvasement des liquides, l'administration a déclaré n'apercevoir aucun motif de refuser, pour les mesures en fer-blanc, ce que les règlements ont permis pour les mesures en étain, les becs n'étant d'ailleurs qu'un accessoire sans inconvénient pour l'exactitude du mesurage.

Cette décision s'applique aux grandes mesures, aussi bien qu'aux mesures de la série du double litre au centilitre.

2° L'instruction n° 3 annexée à l'ordonnance du 16 juin 1839 porte que, suivant l'usage auquel les *mesures en bois pour les matières sèches* sont destinées, *on pourra* y placer intérieurement des bandes et des cercles, ou y adapter des potences avec embase et écrou; qu'elles pourront également avoir des pieds en fer ou en bois, ou des poignées. Il résulte des termes mêmes que nous venons de rappeler, que les additions prévues par l'instruction sont facultatives, et que les agents de la vérification doivent se borner à les admettre, en s'abstenant de les exiger.

7. — *Décision ministérielle du 5 août 1854.*

Le tableau n° 3 annexé à l'ordonnance du 16 juin 1839 a déterminé la forme et les dimensions des *mesures en fer-blanc destinées au mesurage du lait.* Suivant ladite ordonnance, ces mesures peuvent être garnies d'une anse ou d'un crochet également en fer-blanc; mais, d'après les dessins qui figurent dans l'atlas officiel, il semblerait que les doubles litres et les litres doivent avoir une anse, et que les mesures au-dessous du litre peuvent seules être munies d'un crochet.

Les anses et les crochets n'étant que des accessoires qui ne modifient ni n'altèrent en rien la forme et la dimension des mesures, il n'y a nul inconvénient à permettre que les doubles litres et les litres en fer-blanc, destinés à la vente du lait, soient, comme les mesures plus petites, garnis indistinctement d'anses ou de crochets.

8. — *Décision ministérielle du 25 août 1855.*

La *bascule Quintenz*, à trois points d'appui, telle qu'elle a été approuvée en 1827, avait le tablier en forme de trapèze. Mais depuis 1827, les fabricants des bascules *système Quintenz* ont, pour la plus grande facilité des pesées, et sans autorisation spéciale, substitué le tablier carré au tablier trapézaïque. Cette circonstance a porté l'administration à faire examiner la question de savoir si la nouvelle forme donnée au tablier a eu pour résultat de nuire à la justesse de l'appareil, ou si, comme on l'annonçait, au contraire, cette modification a été sans inconvénient. Après un examen attentif, le comité consultatif des arts et manufactures s'est prononcé dans ce dernier sens. En conséquence, il a été décidé que l'on peut, sans inconvénient, admettre au poinçonnage la *bascule Quintenz*, à fléau droit placé suivant la longueur du tablier, avec un plateau pour les poids ou avec une romaine; *le tablier, en forme de trapèze ou carré, portant sur trois points d'appui qui figurent un triangle isocèle.*

La *bascule Quintenz* et la *bascule Béranger*, avec une romaine ou un fléau à poids placés en travers, et avec tablier carré portant sur quatre points d'appui, sont les deux seuls systèmes qui aient été admis jusqu'à ce jour. Le comité insiste pour que la construction des instruments fabriqués suivant l'un ou l'autre système soit faite avec soin, dans les conditions des modèles sur le vu desquels l'admission au poinçonnage a été dans le temps accordée, c'est-à-dire :

1° Pour que la force des leviers soit bien en rapport avec la portée *maximâ* de la balance;

2° Pour que les couteaux et les chapes soient en acier trempé ;

3° Enfin, pour que les instruments présentés aux vérificateurs répondent, sous tous les points, aux exigences règlementaires.

L'administration a adopté l'avis du comité.

9. — *Décisions ministérielles des 22 mai et 15 octobre 1855.*

1° A partir du 1er janvier 1856, les couteaux et coussinets des balances *système Roberval* seront construits en acier trempé et poli; toutes les autres parties sujettes à frottement seront en acier trempé.

2° Les fléaux et autres pièces du mouvement seront, préférablement, en fer forgé; mais ils pourront être en fonte, pourvu que cette matière soit suffisamment malléable pour recevoir l'empreinte du poinçon de vérification. Les fléaux devront avoir la force nécessaire pour la portée de la balance. Sur le socle sera indiqué le maximum de cette portée.

3° L'oscillation devra être parfaitement régulière, quelle que soit la place qu'occupent les poids sur les plateaux. Pendant le mouvement d'oscillation, les tiges devront être libres dans leur jeu, et n'éprouver aucun frottement qui puisse rendre la balance sourde après quelques jours d'usage.

4° Les aiguilles indicatrices devront être saillantes et détachées de toute partie pouvant les soustraire à la vue du consommateur.

5° Ces balances devront être présentées au poinçonnage entièrement montées. Si elles sont vernies, il devra être réservé sur l'un des bras, et aussi près que possible du centre du fléau, une place nette pour l'apposition du poinçon (poinçon n° 5).

6° Enfin, elles devront être solidement et régulièrement construites, et réunir toutes les conditions prescrites par l'instruction n° 10, annexée à l'ordonnance du 16 juin 1839.

La circulaire du 22 mai 1855 ajoute qu'à l'égard des balances et des romaines *bascules*, le poinçonnage n'aura plus lieu sur la plaque ; ce poinçonnage s'opèrera également sur le bras (poinçon n° 4.)

10. — *Décision ministérielle du 25 mai 1856.*

Le décret du 5 novembre 1852 porte :

Les mesures de capacité pour les liquides pourront être établies en ferblanc.

Cette disposition n'établit aucune exception ; dès lors on doit entendre qu'il est permis de construire des mesures en fer-blanc de toutes dimensions ; celles de la série comprenant depuis le *centilitre* jusqu'au *double litre* doivent être semblables aux mesures en étain ; celles d'une capacité supérieure doivent avoir la forme et les dimensions prescrites par l'instruction n° 5, annexée à l'ordonnance du 16 juin 1839.

En un mot, les mesures en fer-blanc, en général, peuvent être reçues à la vérification, lorsqu'elles réunissent les conditions de forme, de solidité, de salubrité et de précision exigées par les règlements.

Le décret du 5 novembre 1852 précité n'a rien innové, d'ailleurs, en ce qui concerne les mesures pour le lait.

11.— *Décision ministérielle du 5 juin 1856.*

L'instruction n° 3 annexée à l'ordonnance du 16 juin 1839 porte que *les grandes mesures en bois auront une double feuille.* Ensuite d'observations présentées à l'administration, M. le ministre de l'agriculture, du commerce et des travaux publics a pris l'avis du comité consultatif des arts et manufactures, et, par suite de l'opinion qu'il a exprimée, Son Excellence a décidé qu'à l'avenir les grandes mesures en bois pourront être construites avec une seule feuille, conformément aux modèles déposés dans les bureaux de vérification. Les doubles feuilles ne seront exigées que pour l'hectolitre et le demi-hectolitre à pieds, qui sont plus spécialement destinés au mesurage du charbon de terre ou de bois, de la houille et de la chaux, et pour le double hectolitre, sur fond ou sur pieds.

12. — *Décret du 3 octobre 1856.*

Art. 1er. A partir de la promulgation du présent décret, le bois de châtaignier pourra être employé, concurremment avec les bois de chêne, de hêtre et de noyer, à la fabrication, en feuilles ou éclisses, des mesures de capacité pour les matières sèches.

Art. 2. Notre ministre secrétaire d'État au département de l'agriculture, du commerce et des travaux publics est chargé de l'exécution du présent décret, qui sera inséré au *Bulletin des Lois.*

13. — *Décret du 14 juillet 1857.*

ART. 1er. À partir du 1er octobre 1857, l'indication de la portée des balances-bascules qui seront présentées à la vérification première, sera, ou gravée en creux, ou produite en relief dans l'opération de la fonte, sur le plat poli d'une des faces latérales du fléau extérieur.

ART. 2. Notre ministre, etc.

14. — *Décision ministérielle du 18 novembre 1857.*

Il a été exposé que *les grandes mesures en bois établies en feuilles doubles,* suivant la prescription ministérielle du 5 juin 1856, sont très-lourdes, et que, malgré les deux épaisseurs de bois, n'étant maintenues que par des bandes de tôle, elles sont sujettes à varier; et, par suite, on a demandé que les fabricants pussent, s'ils le préfèrent, établir les grandes mesures avec des feuilles de bois simples, à condition de les ferrer, intérieurement et extérieurement, *avec des bandes de fer feuillard* maintenues par des rivets, et de garnir le bord supérieur d'un plat-bord en fer, de 0 m. 012 de largeur.

Le comité consultatif des arts et manufactures ayant reconnu que les mesures construites suivant cette description présentent des garanties de solidité suffisantes, M. le ministre de l'agriculture, du commerce et des travaux publics a décidé qu'à l'avenir les mesures au-dessus du demi-hectolitre pourraient être construites d'une seule feuille ou éclisse, à la condition expresse qu'elles seront ferrées et garnies comme il vient d'être expliqué.

Cette décision laisse subsister, d'ailleurs, en leur entier, les prescriptions réglementaires de l'instruction n° 3, annexée à l'ordonnance du 16 juin 1839.

XXV.

Dispositions réglementaires spéciales.

1.— *Remarques préliminaires.*

Les poids et mesures mentionnés et décrits dans les tableaux annexés à l'ordonnance du 16 juin 1839, sont obligatoires dans toutes les transactions commerciales et industrielles, entre acheteurs et vendeurs, qui, les uns et les autres, peuvent être déférés aux tribunaux pour avoir pesé et mesuré avec d'autres poids et mesures, que personne ne peut plus avoir en sa possession.

Dans les ventes et les achats, on ne doit donner aux poids et mesures d'autres dénominations que celles qui sont portées auxdits tableaux ; car si, d'une part, le consommateur n'a rien à gagner en demandant un poids ou une mesure qui n'existe plus, d'une autre part, le marchand se met dans le cas d'une condamnation pour tromperie sur la marchandise vendue, puisqu'en se servant d'une expression qui n'a plus sa raison d'être, il livrerait, en réalité, une quantité qui ne s'y rapporte pas. En effet, le *demi-kilogramme* n'est pas du même poids que l'ancienne *livre*, le *double décalitre* n'a pas la contenance de l'ancien *boisseau*, etc.; et, principalement, les divisions décimales des nouveaux poids et mesures sont loin d'être en rapport avec celles des poids et mesures supprimés. Il importe donc que le vendeur fasse chaque fois observer à ceux de ses clients qui manqueraient à cette prescription, qu'il ne dispose que de poids et mesures légaux, et que, par conséquent, il ne peut livrer que des quantités de marchandises exprimées par ces mêmes poids et mesures légaux.

Les poids et mesures provisoirement tolérés par l'article 4 de l'ordonnance du 16 juin 1839, ne peuvent être remontés à neuf ; mais ils peuvent être rajustés.

Le *remontage* d'un poids consiste dans le remplacement de l'une de ses parties essentielles : l'anneau, le lacet ou le plomb ; le *rajustage* consiste seulement à retrancher du plomb à un poids lorsqu'il est trop lourd, ou à y en ajouter lorsqu'il est trop léger, ce qui arrive lorsqu'un poids, s'oxydant, perd cet oxyde par l'usage et devient trop faible en pesanteur. Le remontage à neuf d'un poids non placé dans une des catégories de l'article 2 de l'ordonnance du 16 juin 1839, peut toujours avoir lieu aussi bien que son rajustage ; le remontage est même obligatoire lorsque l'anneau est cassé ; car il n'est pas permis de passer un fil de fer dans le poids pour remplacer l'anneau. Tout poids sur lequel la dénomination n'est pas indiquée d'une manière distincte et lisible, ne pouvant être remonté ni rajusté, doit être brisé sur-le-champ et jeté à la fonte. La mise hors de service prononcée par l'article 3 est applicable, non seulement aux anciens poids et mesures usuels, mais aux poids et mesures qui s'écartent de la nomenclature légale, comme, par exemple, les poids de 25 kilogrammes (circulaire du 15 septembre 1839).

En ce qui concerne les mesures de capacité pour les liquides, il n'y a, suivant l'article 2, de tolérées que les anciennes mesures décimales en étain, quel qu'en soit le poids ; et, des termes de l'article 3, il résulte que toutes les autres mesures établies contrairement aux prescriptions des tableaux annexés à l'ordonnance, sont prohibées, comme, par exemple, les mesures à huile ayant la hauteur double du diamètre (1), le double hectolitre, l'hectolitre et le demi-hectolitre construits dans les mêmes proportions, etc. Comme les poids, les mesures de

______

(1) Sauf les mesures dont la fabrication a été autorisée par le décret du 5 novembre 1852.

capacité pour les liquides seulement tolérées, ne peuvent être que rajustées ; c'est-à-dire, qu'elles peuvent seulement être redressées lorsqu'elles ont été déformées ou lorsque, par un choc plus ou moins violent, on y a imprimé une bosse rentrante qui en diminue la capacité. Le remplacement du fond, de l'anse du couvercle, etc., constituant un remontage à neuf, les mesures de capacité provisoirement autorisées doivent être brisées et remplacées lorsque leur degré d'altération nécessite ce remplacement.

Les mesures décimales pour les matières sèches, quelle que soit l'espèce de bois dont elles sont construites, continuent à être admises à la vérification périodique, sous les mêmes conditions que les mesures destinées au mesurage des liquides.

Aux termes du dernier paragraphe de l'article 2 de l'acte du 16 juin 1839, les poids et mesures décimaux seulement tolérés ne peuvent être conservés par les assujettis qu'autant qu'ils ont subi, avant l'époque de la vérification périodique de l'année 1840, les modifications exigées. D'où il suit que des poids et mesures de cette catégorie qu'on soumettrait seulement aujourd'hui aux réparations voulues, ne seraient plus admis au poinçonnage ni reçus dans le commerce. Toutefois, les anciennes romaines peuvent toujours être rétablies, car en les rendant oscillantes et en les divisant décimalement, on leur fait subir une transformation qui permet de les considérer, non plus comme des instruments réparés, mais bien comme des instruments neufs.

La forme des mesures de capacité de chaque catégorie ayant sa raison d'être, aucune mesure ne peut servir à d'autre usage que celui pour lequel elle a été établie. Il n'est donc pas permis d'employer une mesure affectée au service des boissons pour le mesurage des matières sèches, et réciproquement. Par le même motif, on ne peut se servir dans le commerce en détail, des appareils de pesage ou de mesurage dont l'usage est réservé au commerce en gros, comme, dans le commerce en gros, on ne peut emprunter les instruments exclusivement établis pour le détail.

2. — *Surveillance publique.*

Le gouvernement n'a jamais entendu s'immiscer dans le prix stipulé pour les transactions; mais il a toujours tenu à honneur de veiller à l'uniformité des poids et mesures. A cet effet, et conformément aux articles 1 et 2 de l'ordonnance du 17 avril 1839, le ministère de l'agriculture, du commerce et des travaux publics a placé, dans chaque arrondissement, un vérificateur chargé d'apporter le plus grand soin à ce que personne, dans sa circonscription, ne s'écarte des prescriptions de la loi sur cette matière. Pour cela, ce fonctionnaire a à procéder, dans son bureau, à une *vérification première* des instruments de pesage et de mesurage neufs ou rajustés (article 10) (1), et, au domicile des assujettis, à une *vérification périodique* des instruments dont ils font usage ou qu'ils ont en leur possession (article 13). Le vérificateur a de plus à faire, soit d'office, soit sur la réquisition de l'autorité, des *visites de surveillance* extraordinaires et inopinées chez les assujettis (article 20).

La vérification primitive a spécialement pour but de ne laisser s'introduire dans le commerce que des instruments de pesage et de mesurage réunissant toutes les conditions de justesse et de bonne construction prescrites par les actes administratifs, notamment par l'ordonnance du 16 juin 1839, portant règlement sur la forme des poids et me-

---

(1) La vérification première des instruments de pesage, comme celle des poids et mesures, ne peut avoir lieu qu'au bureau même du vérificateur. (*Recueil officiel,* pages 55 et 71.)

sures et sur les matières admises pour les fabriquer.

Dans la vérification périodique, qui a lieu du 1er janvier au 1er juillet de chaque année, le vérificateur recherche si, dans l'usage journalier, l'exactitude des poids et mesures n'a pas été altérée, par accident, par incurie ou par fraude, étalonne ceux dont la justesse est constatée, et met hors de service ceux qui auraient éprouvé une altération quelconque, jusqu'à ce qu'ils aient été remis à l'état primitif.

Enfin, dans les visites inopinées, qui peuvent se faire en tout temps, mais auxquelles il est ordinairement procédé du 1er juillet au 31 décembre, cet agent recherche plus particulièrement les infractions à l'uniformité légale.

Par le court exposé qui précède, on sent toute l'importance des fonctions dont sont investis les vérificateurs des poids et mesures, et l'on doit savoir gré au gouvernement de la sollicitude dont il entoure un service qui se lie si essentiellement à la fidélité des transactions commerciales.

3. — *Minimum obligatoire et professions assujetties.*

La loi du 4 juillet 1837 est conçue en termes généraux, c'est-à-dire que son application ne souffre aucune exception. Tout industriel, tout commerçant, toute entreprise ou administration publique, sont assujettis à l'emploi du système décimal et à la possession d'un assortiment de poids et mesures déterminé. Mais, précisément en raison de la généralité des termes de la loi et des difficultés que leur application eût soulevées, il a paru prudent d'abandonner à l'autorité administrative le soin de désigner les personnes assujetties à l'usage des poids et mesures légaux, et d'indiquer l'assortiment des poids et mesures dont chaque profession est tenue de se pourvoir. C'est pourquoi l'article 15 de l'ordonnance du 17 avril 1839 laisse aux préfets le soin de dresser, pour chaque département, le double tableau des *professions assujetties* et du *minimum obligatoire* ou assortiment exigible.

En tournée de vérification périodique, le premier soin du vérificateur est de s'assurer si l'assujetti est pourvu de l'assortiment obligatoire. Si cet assortiment n'est pas complet, et si le vérificateur juge admissibles les motifs d'excuses allégués par l'assujetti, un délai est assigné à celui-ci pour se pourvoir, sinon l'infraction est constatée par un procès-verbal. Le commerçant qui ne serait pas muni des instruments de pesage et de mesurage exigés pour chacune des branches de son commerce, par des règlements administratifs légalement intervenus, ne saurait être excusé sous le prétexte que les instruments dont il est dépourvu n'ont pour lui aucune utilité (Cassation, 23 mars 1849).

L'assujetti n'a pas le choix dans la composition de son assortiment de poids et mesures, qui, en effet, doit comprendre, *en espèce et en quantité,* les poids, mesures et instruments de pesage mêmes assignés à la classe industrielle à laquelle il appartient par sa profession. En ce qui concerne les poids et mesures dont tout assujetti peut se munir en plus du minimum obligatoire, et dont rien ne limite la quantité ni ne détermine l'espèce, ils peuvent être empruntés à tel système d'appareils plutôt qu'à tel autre, sans qu'il y ait lieu, de la part des agents de l'administration, de rechercher les motifs de la préférence de l'assujetti, lorsque, toutefois, ce système est revêtu à la fois de l'approbation ministérielle et des poinçons de l'État. Comme conséquence de ce qui précède, les instruments de pesage et de mesurage excédant l'assortiment obligatoire peuvent être employés concurremment avec les instruments dont la possession est exigée, à la seule condition, pour l'assujetti, de se conformer aux prescriptions des actes qui en ont réglementé l'usage.

L'assujetti qui se livre à plusieurs genres de commerce, doit être pourvu de l'assortiment de poids et mesures fixé pour chacun d'eux, à moins que l'assortiment exigé pour l'une des branches de son commerce ne se trouve déjà compris dans l'une des autres branches des industries qu'il exerce (ordonnance du 17 avril 1839, article 16). Cette disposition ne doit pas pourtant être entendue dans un sens trop absolu, et les considérations de salubrité publique ne permettraient pas d'admettre, par exemple, qu'un débitant qui vendrait à la fois de l'huile, du vinaigre, du vin et des liqueurs, ne fût pas tenu d'avoir des mesures spécialement employées pour chacun de ces liquides (circulaire du 30 août 1839). De même, celui qui, dans une même ville, ouvre au public plusieurs magasins, boutiques ou ateliers distincts et placés dans des maisons différentes et non contiguës, doit pourvoir chacun de ses magasins, boutiques ou ateliers de l'assortiment exigé pour la profession qu'il y exerce (ordonnance du 17 avril 1839, article 17).

Les propriétaires et cultivateurs qui vendent les produits de leur culture ne sont pas assujettis à l'obligation d'être pourvus de l'assortiment exigé, par les règlements préfectoraux, des marchands et fabricants qui exploitent les mêmes produits (ordonnance du 17 avril 1839, articles 13 et 39). Cette exemption ne dispense pas toutefois les cultivateurs, lorsqu'ils amènent leurs produits sur les marchés, d'en faire la livraison au moyen de poids et mesures réguliers et légaux, et il faut ajouter que si un propriétaire est reconnu comme vendant, avec ses produits, des denrées pareilles achetées chez d'autres cultivateurs, il y a lieu de lui imposer l'acquisition du minimum obligatoire, et de l'astreindre au paiement du droit de vérification dont il sera parlé plus loin.

Il est à remarquer que le vendeur ou entrepreneur seul est assujetti à la vérification, et qu'il est exclusivement chargé de procurer les poids et mesures nécessaires au pesage ou mesurage des objets qu'il vend ou qu'il livre. Il est un cas, cependant, où l'acheteur lui-même peut être porté au tableau des professions assujetties : c'est celui où il fait ostensiblement métier d'acheter, comme sont les ferrailleurs, les fondeurs, les acheteurs de chiffons, les acheteurs de matières d'or et d'argent, etc. Il est évident que le vendeur, qui ne fait qu'accidentellement ici une opération de vente, ne peut être soumis à aucune obligation en ce qui concerne les poids et mesures, sinon qu'il ne doit pas permettre que l'opération s'effectue avec d'autres poids et mesures que des poids et mesures légaux, s'il ne veut pas être privé du droit de recours en cas de tromperie sur la quantité, de la part de celui auquel il vend (Code pénal, article 424).

Le marchand ambulant doit se conformer, quant aux poids et mesures, aux règlements administratifs du département où il colporte ou a momentanément un étalage (Cassation, 8 octobre 1836). L'individu assujetti, par sa profession, à être possesseur d'une série de poids et mesures, ne paraît cependant pas astreint à l'emporter entièrement avec lui sur tous les marchés où il fait ses ventes et ses achats ; il suffit qu'il justifie de la possession complète de ladite série de poids et mesures à son domicile, et qu'il ne soit pas établi que les marchandises achetées ou vendues soient pesées et mesurées avec d'autres poids et mesures que les mesures légales (Cassation, 26 février 1846).

La personne qui se prétend indûment comprise dans le tableau dressé par le Préfet, peut, suivant les règles générales, se pourvoir par la voie gracieuse devant l'autorité supérieure, c'est-à-dire devant le ministre de l'agriculture, du commerce et des travaux publics. Le recours au conseil d'Etat contre les arrêtés préfectoraux, n'est admis qu'en cas d'excès de pouvoir.

4. — *Marque annuelle.*

Pour assurer la garantie publique, le vérificateur, en tournée périodique, appose une *marque annuelle* sur les poids, mesures et instruments de pesage dont la conformité avec les étalons n'a pas été altérée. Cette marque pouvant seule légaliser les instruments de pesage et de mesurage, qu'elle ne légalise toutefois que pour le temps de l'exercice où elle est appliquée, il importe beaucoup aux marchands de veiller à ce qu'elle ne soit pas altérée, car les vérificateurs et tous agents de l'autorité doivent, en tout temps, la retrouver intacte.

Si un commerçant ou industriel achète ou reçoit des poids, des mesures ou des balances après l'époque du poinçonnage périodique, il doit, s'il veut s'en servir ou seulement les entreposer dans ses magasins, les présenter à la marque de l'année courante, sans attendre l'application de celle qui suivra : l'empreinte du poinçon primitif apposée en vertu de l'article 10 de l'ordonnance du 17 avril 1839, ne pouvant jamais être une garantie contre des détériorations occasionnées par le transport ou par un long séjour dans les magasins (Cassation, 3 août 1854 et 24 mai 1855). Au surplus, après la consommation des opérations périodiques, aucun marchand ne peut, pour quelque motif que ce soit, non-seulement employer, mais garder en sa possession des poids et mesures qui, par une raison ou par une autre, ne seraient pas revêtus de la marque de l'année (ordonnance du 17 avril 1839, articles 27 et 29).

Les consommateurs ayant toujours le droit de s'assurer de l'existence de la marque annuelle sur les poids, mesures et instruments de pesage, il importe que le public sache que, dans une balance,

c'est sur les plateaux qu'il faut chercher cette marque, et non sur le fléau, où est apposée la marque
de vérification première. Plusieurs assujettis ont,
depuis longtemps, pris l'habitude de faire mettre,
sur le bord intérieur des plateaux en métal, une
large goutte d'étain pour recevoir l'empreinte des
marques annuelles successives : on évite, par là,
que le poinçon fasse emporte-pièce; c'est, du reste,
pour le balancier un moyen de rajustage, et une
imitation de ce qui se fait pour les mesures en fer-
blanc. Cette pratique est bonne, nous désirons
qu'elle se propage. Pour les balances-bascules, le
poinçon annuel est apposé sur le montant de ces
sortes d'instruments. Enfin, sur les poids, les
mesures et les romaines, ce poinçon s'applique à
côté des marques, soit de vérification première,
soit des années précédentes. Deux gouttes d'étain
sont apposées sur les mesures en fer-blanc, l'une
appliquée à la jonction du fond avec le corps de la
mesure, et l'autre près du bord; c'est sur la première qu'est placée l'empreinte du poinçon primitif; l'application de la lettre annuelle se fait sur
l'autre.

<h3 align="center">5. — Rajustages.</h3>

Lorsque, parmi les instruments vérifiés périodi-
quement, il s'en rencontre de défectueux, le marchand doit les soumettre sans retard au *rajustage*,
et, dès qu'ils sont réparés, les faire présenter au
bureau du vérificateur pour être frappés, s'il y a
lieu, des poinçons de l'État. Cette présentation est
toujours faite par les soins du balancier ou ajusteur, afin que, dans le cas d'une réparation incom-
plète, celui-ci puisse recevoir directement les observations du vérificateur, seul juge, dans l'intérêt
général, de l'observation de toutes les conditions
réglementaires. Quand il n'y a pas de balancier
sur place, l'appareil défectueux ne peut être soumis

à un rajustage immédiat. Alors il est laissé entre les
mains de l'assujetti, sous le sceau de la mairie, ou
confié à la garde du maire de la commune, jusqu'au moment où il puisse être envoyé à un ajusteur. Enfin, l'assujetti est tenu de faire connaître le
nom du balancier choisi par lui pour être chargé
des réparations, afin que le vérificateur puisse plus
facilement s'assurer de la représentation des objets.

S'il serait rigoureux d'exiger le remplacement des
instruments jugés susceptibles de réparations, ce
serait manquer de prévoyance que de laisser subsister entre les mains des assujettis les instruments
dont le rajustage serait reconnu impossible. Ces
derniers instruments doivent donc être déformés
en présence du vérificateur; la matière est remise
au propriétaire, et il est bien entendu que, si celui-
ci ne se prêtait pas à cette destruction, il y aurait
lieu de le poursuivre pour détention de mesures
non poinçonnées ou fausses.

L'ordonnance du 17 avril 1839, il est vrai, ne
prescrit pas aux vérificateurs de faire rajuster ou de
faire briser les poids et mesures comme nous l'en-
seignons. L'article 35 de cette ordonnance porte,
au contraire, que tous les instruments de pesage
ou de mesurage altérés ou défectueux doivent être
saisis et déposés à la mairie. D'où résulterait, pour
les assujettis, l'obligation de veiller par eux-mêmes
à l'exactitude de leurs instruments; de faire répa-
rer, sans qu'il soit besoin d'y être expressément
invités, ceux qui seraient détériorés; de prendre
les précautions nécessaires pour qu'à chaque vérification la justesse de leurs poids et mesures pût
toujours être constatée; en un mot, d'éviter scru-
puleusement les conséquences inévitables de la saisie d'un poids, d'une mesure ou d'une balance
fausse.

Dans plusieurs arrondissements, notamment dans
celui de Dieppe, presque tous les commerçants
paient un balancier-ajusteur, par abonnement à

l'année; lors de la vérification périodique, cet industriel porte à chacun de ses abonnés un assortiment de poids et mesures, prend le leur, le met en état, puis le présente au bureau du vérificateur, conformément à l'article 10 de l'ordonnance précitée; le remet enfin au propriétaire, qui, de cette façon, peut attendre en toute sécurité les résultats de la révision périodique.

Ce système, tout en offrant au public plus de garantie, simplifie le travail de la vérification, et ne donne pas lieu, pour les assujettis, à une dépense beaucoup plus élevée que lorsqu'ils attendent la décision du vérificateur pour les rajustages. Mais, en attendant que cette coutume se généralise, nous ne voyons aucun inconvénient à ce qu'il soit procédé comme nous l'avons indiqué plus haut, lorsque, surtout, il n'y a pas présomption de fraude et qu'on a l'assurance qu'une prompte réparation fera disparaître les défectuosités reconnues. Bien que l'ordonnance du 17 avril 1839 se taise sur ce point, on trouve néanmoins la consécration de ce principe dans diverses instructions spéciales, parmi lesquelles nous citerons la circulaire du 6 janvier 1832 et la note placée en tête du *Registre portatif* des vérificateurs des poids et mesures.

Les poids et mesures neufs présentés à la vérification, sont seulement marqués du poinçon primitif; c'est tout ce qui est exigé pour qu'il soit permis de les exposer en vente et de les livrer au commerce.

Les poids et mesures rajustés reçoivent de plus la marque annuelle, afin que la détention en soit légale, puisque, comme nous l'avons dit, cette marque légalise seule les instruments de pesage et de mesurage employés ou seulement entreposés dans un magasin. D'ailleurs, la présence de cette marque sur un instrument rajusté est aussi, pour le propriétaire, la seule garantie que l'appareil a été soumis à l'examen du vérificateur et reconnu exact et régulier par celui-ci, l'empreinte du poinçon de véri-

fication première, remontant à l'introduction de
l'instrument dans le commerce, n'établissant pas
assurément la preuve d'une récente vérification.
Les assujettis ne doivent donc jamais accepter de
leur ajusteur des poids et mesures qu'il leur remet-
trait non revêtus de la marque annuelle.

6. — *Visites périodiques.*

Les assujettis sont tenus d'ouvrir leurs magasins,
boutiques ou ateliers, et de ne pas quitter leur *domicile* le jour fixé pour les opérations de la vérification périodique dans la commune. La fermeture
d'une boutique ou d'un magasin au jour désigné,
serait un refus de subir la visite et une contravention dont l'autorité dresserait procès-verbal. Mais,
que cette infraction soit ou non constatée, les
marchands ou industriels, absents de leur domicile
lors du passage du vérificateur, sont obligés, pour
continuer leur commerce ou leur industrie, de porter leurs poids et mesures à la marque annuelle au
bureau de la vérification, les vérificateurs ne pouvant supporter les conséquences d'un fait personnel
à l'assujetti.

Par le mot *domicile*, la loi entend évidemment le
siége de l'établissement, c'est-à-dire le lieu où se
trouvent les poids et mesures soumis à la vérification, et non le domicile réel du fabricant. Toutefois, il a été jugé qu'un tribunal de police ne peut
renvoyer des poursuites un négociant prévenu de
n'avoir pas représenté au vérificateur les poids
dont il devrait être muni en vertu de l'arrêté du
préfet, sous prétexte qu'il aurait transporté ses
magasins dans un lieu autre que celui de son domicile (Cassation, 9 mai 1834). Cette décison ne pa-
rait pas exacte : on ne peut pas plus forcer le commerçant de transporter ses poids et mesures de son
établissement commercial à son domicile, qu'il ne
pourrait refuser la vérification dans ses magasins
et renvoyer les préposés à ce même domicile.

La disposition de l'article 38 de l'acte du 17 avril 1839 qui veut que, par *un ban publié dans la forme ordinaire,* le maire fasse connaître, au moins deux jours à l'avance, le jour de la vérification, amène des abus : annoncer le jour de la vérification, c'est donner aux assujettis la facilité de cacher, lors de l'arrivée du vérificateur, des poids et mesures irréguliers ou faux. Mais quand on rendait obligatoire la vérification à domicile, il devenait indispensable d'imposer aux assujettis l'obligation d'être chez eux à jour fixe pour la révision périodique. Comme remède au mal, restent la surveillance de l'autorité municipale, l'intérêt des consommateurs, leur droit d'examiner la marque de la vérification périodique, et les vérifications inopinées que l'ordonnance recommande aux vérificateurs.

7.—*Suspension des balances.*

Suivant l'article 30 de l'ordonnance du 17 avril 1839, les agents de l'autorité ont le droit d'imposer aux commerçants les conditions suivant lesquelles les balances à bras égaux doivent être suspendues, ainsi que le mode d'emplacement des autres instruments de pesage; et ce droit doit d'autant plus être strictement maintenu, que la plupart des erreurs ou des fraudes commises dans le pesage des marchandises proviennent de l'inobservation des règles tracées à ce sujet.

Comme on ne peut juger de l'exactitude d'un instrument de pesage, quel qu'en soit le système, qu'autant que les oscillations sont libres et perceptibles à l'œil, cet instrument ne doit être entouré d'aucun objet qui en déroberait, en totalité ou en partie, la vue aux consommateurs; placé contre un mur ou une paroi quelconque, il doit en être à une distance suffisante pour conserver la liberté de ses mouvements; il ne doit s'appuyer que sur uu plan bien horizontalement disposé, afin que, dans la balance, le mouvement de hauteur de chacun des plateaux soit toujours régulier, et que, dans la bascule, la portée ne soit pas changée ou altérée. Il faut, de plus, que la balance à bras égaux soit suspendue à un point fixe, qui, ne cédant sous la charge ni ne laissant pivoter le fléau avec la chape, maintienne constamment l'appareil dans sa position normale, seule capable d'assurer l'exactitude des pesées. Il convient surtout d'empêcher que les plateaux, n'allant à droite ni à gauche, ne butent contre aucun obstacle.

La meilleure disposition à donner à la balance en général, consiste à l'établir au-dessus d'une table ou comptoir, où d'un côté l'acheteur et de l'autre le vendeur puissent simultanément et commodément se placer. On adapte souvent la balance à bras égaux à une potence; mais il vaut mieux la suspendre à une tringle en fer, engagée à vis dans le plancher supérieur du magasin, car on a ainsi un moyen facile de remonter l'appareil lorsque, sous une suite de fortes charges, les chaînettes, qui supportent les bassins, se sont détendues.

Il ne faut jamais perdre de vue les prescriptions du règlement administratif fixant, pour les balances à bras égaux, le minimum de l'élévation à laquelle elles doivent être suspendues au-dessus de la table sur laquelle elles reposent. Pour les autres balances, le mouvement de hauteur de chacun des plateaux au-dessus du socle de l'appareil, doit également toujours être maintenu au moins à son minimum. Enfin, les règles rappelées ci-dessus doivent s'étendre aux balances de magasin, ou balances s'appuyant généralement sur le sol, aussi bien qu'aux balances dites de comptoir.

Lorsqu'un règlement préfectoral prescrit que les plateaux ou bassins d'une balance doivent être à une hauteur au-dessus des tables ou comptoirs, savoir : 3 centimètres pour les balances de comptoir, et 6 centimètres pour les balances de magasin, il y a contravention si chaque bassin n'est à la hauteur prescrite, aucune compensation ne pouvant s'établir entre la hauteur respective des bassins; tel serait le cas où les bassins seraient élevés, l'un de 1 centimètre de plus, l'autre de 1 centimètre de moins (Cassation, 13 mai 1837). Il y a aussi contravention à ce règlement si les balances, étant de comptoir, ne sont pas suspendues au-dessus du comptoir proprement dit, et spécialement s'il est reconnu qu'elles reposaient sur un banc à hauteur d'appui derrière le comptoir (même arrêt).

Il reste à faire observer que toutes les balances à bras égaux, en particulier les balances dites de comptoir, doivent être montées avec des chaînes et non avec des cordes, qui sont trop sujettes aux variations atmosphériques et à des causes permanentes d'humidité absorbée inégalement; les règlements, sans entrer dans aucun détail, ne parlent que de *chaînes* et jamais de *cordes* employées à la suspension des plateaux de ces instruments.

8. — *Conservation des poids et mesures.*

Les poids et mesures soumis à la révision périodique doivent être dégagés de toute matière étrangère qui ne permettrait pas d'en apprécier immédiatement et exactement la justesse. Les assujettis sont tenus de faire procéder à l'avance à cette opération, car le vérificateur ayant son itinéraire tracé, ne peut être astreint à attendre, pour procéder à la vérification, que les nettoyages nécessaires aient été effectués partout où il se présente. L'assujetti qui manquerait à cette prescription, se mettrait dans le cas d'une démarche peut-être très-onéreuse. Si le vérificateur jugeait, en effet, à propos de se retirer sans opérer, le marchand, pour éviter les graves conséquences de la non-vérification de ses poids et mesures, se verrait dans la nécessité de les présenter ou de les faire présenter, à ses frais, au poinçonnage annuel au bureau de vérification, au chef-lieu d'arrondissement.

De grandes précautions doivent être apportées à la conservation des poids et mesures, parce que la moindre altération peut leur faire perdre leur valeur et nécessiter leur remplacement ou leur rajustage, sans préjudice des peines dont seraient passibles les détenteurs d'instruments altérés ou défectueux.

La chute, sur le pavé, d'une mesure de longueur, peut la mettre absolument hors de service, soit en la faussant, soit en repoussant ou en cassant un angle. On doit donc éviter avec le plus grand soin ces accidents. On évitera, autant qu'il sera possible, de poser ces mesures debout contre un mur; mais on les placera toujours à plat sur une table, ou dans une armoire, ou dans une boîte destinée à les renfermer, lorsqu'on n'en fera pas usage. Plusieurs marchands de tissus disposent leurs mesures au-dessus du comptoir, au moyen d'une tringle fixée au plafond. Ce mode, préservant les mesures d'altérations dangereuses, contribue beaucoup à leur conservation.

Les mesures de capacité en étain exigent beaucoup de soins, du moins en ce qui concerne l'oxydation du métal. On les garantira de cette oxydation en n'y laissant séjourner aucun liquide, et en les essuyant chaque fois avec un linge fin avant de les remettre en place. Mais on ne doit pas apporter moins d'attention à les préserver de tout choc ou d'une chute, qui, en altérant leur forme, altérerait également leur capacité, et les mettrait momentanément hors d'état de servir. Les grandes mesures de capacité pour les liquides réclament les mêmes soins que les mesures en étain. Les mesures en fer-blanc, plus sujettes que les autres à se fausser, demandent surtout à être maniées avec une certaine précaution.

Les mesures de capacité en bois doivent être préservées autant de la chaleur que de l'humidité : on connaît l'action de ces deux agents sur le bois. Quant aux radoires servant à déterminer le plein des mesures, elles s'usent nécessairement vers les extrémités dans un service journalier, et on veillera à les faire redresser.

Pour préserver de la rouille les poids en fer, on les frottera de temps en temps avec un linge imprégné d'huile. Les poids en cuivre demandent à être frottés quelquefois avec un linge ; mais il ne faut employer à cette opération ni poussière, ni mordant : car, en enlevant un peu de matière dans chaque nettoyage, ne fût-ce que milligrammes par milligrammes, on finirait par altérer d'une manière sensible la justesse des poids.

L'égalité des bras d'une balance est une condition essentielle de sa justesse. Lorsqu'il sera nécessaire de démonter le fléau d'une balance pour l'approprier, on prendra donc des soins délicats pour ne pas rompre cette égalité. La sensibilité d'une balance diminue par l'altération que les couteaux éprouvent dans un service continuel ; elle peut aussi être diminuée par la rouille, qui se sera attachée, soit aux couteaux, soit aux coussinets sur lesquels ils s'appuient. Dans le premier cas, l'instrument doit être soumis au rajustage ; dans l'autre, il faut faire disparaître la rouille qui s'est produite sur les couteaux et les coussinets. Quelques personnes s'imaginent qu'on peut donner plus de mobilité à une balance en versant de l'huile sur les couteaux, comme cela aurait lieu pour un rouage mécanique. C'est une erreur. Les couteaux reposent sur des points constants ; il n'y a donc pas de frottement à adoucir ; dès lors, une injection d'huile n'améliore pas la sensibilité de la balance ; l'huile s'épaississant, par son mélange avec la poussière, ne peut, au contraire, qu'entraver les oscillations de l'appareil.

La conservation des bascules, des romaines et des autres instruments de pesage exige des soins analogues. Mais de toutes les précautions à prendre, la plus importante consiste à ne jamais soumettre un instrument à une charge excédant la portée pour laquelle sa force a été établie.

Les poids, mesures et instruments de pesage devront d'ailleurs être constamment entretenus dans un état de propreté irréprochable, non seulement à l'effet d'empêcher leur altération sous le rapport de la justesse, mais afin que, par le contact, ils ne communiquent pas aux denrées alimentaires ou de consommation, des principes de nature à compromettre la santé des citoyens. Les maires et les commissaires de police sont chargés par les lois de verbaliser contre les détenteurs de mesures dont l'état d'oxydation pourrait nuire à la santé publique. Conformément à l'article 37 de l'ordonnance du 17 avril 1839, les vérificateurs des poids et mesures, de leur côté, signalent à l'autorité compétente les assujettis dont les poids et mesures laisseraient à désirer sous ce rapport.

9. — *Remarques générales sur la conservation des poids et mesures.*

On s'imagine généralement que, parce que certains instruments de pesage et de mesurage ne sont pas nécessaires ou sont peu utiles, on peut se dispenser de veiller à leur exactitude et à leur conservation. C'est là une erreur qu'il importe de détruire.

Les vérificateurs, dans leurs opérations, n'ont point à examiner si les assujettis font plus ou moins fréquemment usage de leurs poids et mesures. Ce dont ces fonctionnaires ont à s'assurer exclusivement, c'est qu'il n'en soit possédé, par les assujettis, aucun qui ne soit régulier et rigoureusement exact. Moralement responsables des erreurs et des fraudes auxquelles donnerait lieu l'emploi de poids et mesures non vérifiés par leur fait, les vérificateurs ne sauraient s'en rapporter aux allégations des assujettis à cet égard. D'un autre côté, la sécurité commerciale ne serait qu'à demi-assurée, si, en regard de poids et mesures réunissant toutes les conditions prescrites par les lois, on pouvait impunément exposer des appareils inexacts ou mal entretenus.

N'est-il pas, en effet, possible d'abuser des poids et mesures illégaux trouvés dans une maison de commerce, dans l'intérêt d'une industrie autre que celle qui y est exercée? Des marchands du voisinage peuvent venir demander à se servir des instruments de pesage ou mesurage défendus; en outre, sous le principe de la liberté du commerce, un industriel qui a un commerce principal, y joint souvent des commerces accessoires, et si l'un d'eux n'emploie pas certains instruments, d'autres peuvent les comporter ou en avoir besoin. Enfin, il peut arriver qu'un industriel qui ne vend qu'à la mesure, ait besoin de peser les matières premières qu'il emploie pour sa fabrication ou qu'il livre à un ouvrier pour la confection des objets qu'il ne fait que vendre.

Procéder à la vérification de tous les instruments de pesage et de mesurage de chaque assujetti, sans rechercher s'ils sont plus ou moins étrangers au commerce ou à l'industrie de celui-ci; exiger leur mise en bon état ou prescrire les soins à donner à leur conservation, afin qu'à chaque instant il puisse, au besoin, en être fait usage sans qu'il en résulte d'inconvénients, ni pour le vendeur, ni pour l'acheteur, tel est donc le devoir des agents du service de la vérification des poids et mesures. Au surplus, c'est aussi leur droit, car l'obligation imposée aux vérificateurs de réviser, non seulement les poids et mesures composant le minimum obligatoire, mais encore ceux que le commerçant posséderait en plus (ordonnance du 17 avril 1839, article 19), implique nécessairement le droit, pour ces fonctionnaires, d'ordonner la destruction ou le rajustage des instruments altérés ou inexacts, selon qu'ils ne sont plus ou qu'ils sont encore susceptibles de réparations. S'il en était autrement, la vérification portant sur les poids et mesures excédant l'assortiment obligatoire serait illusoire ou au moins inutile, puisqu'elle serait sans but comme sans effet.

Chaque assujetti doit, en conséquence, veiller attentivement à la régularité de tous ses instruments de pesage et de mesurage, et, à quelque titre qu'il en soit possesseur, donner les mêmes soins à leur conservation, à leur propreté et à leur exactitude.

10. — *Détention des poids et mesures.*

Les *poids et mesures illégaux,* c'est-à-dire ceux que les lois proscrivent absolument, se distinguent en *poids et mesures faux ou inexacts* et en *poids et mesures seulement irréguliers.*

Les instruments de pesage et de mesurage *faux ou inexacts* sont les mesures et les poids qui n'ont pas la capacité, la longueur ou la pesanteur indiquée par le nom qu'ils portent, comme sont aussi les appareils dans l'usage desquels le pesage est infidèle.

Les poids, mesures et instruments *irréguliers* sont ceux qui, sans être faux, ne sont pas revêtus des marques légales de vérification.

On distingue encore *les poids et mesures non décimaux ou à l'ancien système,* qu'on peut ranger dans la catégorie des poids et mesures irréguliers, lorsqu'ils ne sont pas, de plus, faux ou inexacts.

La détention de poids et mesures *irréguliers* ou non poinçonnés est formellement interdite par les lois, dans les boutiques, magasins, ateliers, etc. Aussi a-t-il été jugé qu'un assujetti détenteur de poids et mesures irréguliers ne pourrait, à quelque titre qu'il les possédât, être relaxé des poursuites, lors même qu'il prétendrait ne les employer qu'à son *usage personnel* (Cassation, 9 juin 1839), ou qu'il établirait que ces poids et mesures n'étaient pas *nécessaires à sa profession*. (Cassation, 23 juin 1854). (1)

La possession d'instruments de pesage et de mesurage faux ou inexacts constitue un délit puni d'une amende et de l'emprisonnement, lorsque le prévenu ne peut établir son excuse, c'est-à-dire les motifs légitimes d'une détention justement regardée comme suspecte (Loi du 27 mars 1851, article 3).

Quant à la détention de poids et mesures à l'ancien système, elle constitue un délit, de même que celle des poids et mesures dont nous venons de parler, lorsque les poids et mesures sont frauduleux (Cour d'Orléans, 10 novembre 1852); elle constitue une simple contravention, comme celle des poids et mesures non poinçonnés, lorsque les poids et mesures ne diffèrent des poids et mesures décimaux que par la dénomination, par la forme et par la matière de leur fabrication (Loi du 4 juillet 1837, article 4).

Comme conséquence de ce qui précède, les assujettis, lors du poinçonnage périodique, doivent apporter leurs soins pour que la marque annuelle soit appliquée sur tous leurs instruments de pesage et de mesurage; ils doivent donc attentivement les rechercher, les réunir et les soumettre, sans exception, à l'examen du vérificateur.

Lorsque le vérificateur a refusé son poinçon à des instruments qu'il a vérifiés, c'est une preuve que ces instruments sont altérés ou faux. L'assujetti doit alors les briser sur-le-champ, ou, comme il l'a déjà été dit, les faire rajuster, si le vérificateur a jugé cette réparation possible.

---

(1) Voir toutefois deux arrêts de la même Cour, en date des 14 avril et 28 juin 1855, qui, sans excuser la possession des poids et mesures illégaux par ce qu'ils ne sont pas *nécessaires*, excusent pourtant cette possession lorsqu'il n'est pas *possible* que ces mêmes poids et mesures illégaux puissent servir à l'industrie de celui chez lequel ils ont été trouvés.

Nous répétons que les prescriptions que nous venons de rappeler s'appliquent aux poids et mesures excédant le minimum obligatoire, aussi bien qu'aux poids et mesures composant l'assortiment exigible, et que les poids et mesures irréguliers ou non poinçonnés, faux ou inexacts, non décimaux ou à l'ancien système, sont partout saisissables, fussent-ils impropres au commerce ou à la profession de l'assujetti. Nous ajouterons, enfin, que ce ne sont pas seulement les poids et mesures non revêtus des poinçons de la vérification qui sont susceptibles de saisie, mais aussi ceux qui, bien que marqués du poinçon de vérification primitive, sont trouvés altérés ou défectueux, quelle que soit d'ailleurs la cause du vice; qu'ils peuvent être saisis même chez le fabricant, s'ils y ont été trouvés exposés en vente (Cassation, 17 janvier 1845).

11. — *Inspection sur le débit au poids et à la mesure.*

On doit bien distinguer la surveillance publique sur l'uniformité des poids et mesures du système métrique légal, et l'inspection sur la fidélité du débit des marchandises qui se vendent au poids ou à la mesure.

Le premier objet est exclusivement commis aux vérificateurs des poids et mesures par la loi du 4 juillet 1837; nous en avons parlé dans un précédent article.

Quant à l'inspection sur le débit au poids ou à la mesure, les lois des 24 août 1790 et 22 juillet 1791, et l'ordonnance du 17 avril 1839, articles 28 à 33, en ont remis le soin à l'autorité municipale, qui constate les infractions, sans préjudice, toutefois, du droit conféré à tous les officiers de police judiciaire par le Code d'instruction criminelle.

La garantie publique a exigé que cette partie du service fût spécialement dévolue à l'autorité locale.

Cette surveillance n'eût pas eu, en effet, la même efficacité si elle fût restée dans les attributions des vérificateurs des poids et mesures, qui, ayant à effectuer des tournées périodiques, longues et pénibles, toujours fixées et annoncées, ne peuvent, d'une part, inspecter que de loin en loin les halles, les foires et les marchés, et, de l'autre, se livrer aussi fréquemment que cela serait nécessaire, à des visites inopinées chez les assujettis de leurs circonscriptions respectives.

Mais les officiers de police et les vérificateurs se doivent une assistance réciproque, pour qu'il en résulte à la fois la garantie du système général d'uniformité, et le bon poids et la bonne mesure dus aux particuliers. Ainsi, de même que l'autorité municipale doit s'empresser d'assister le vérificateur et de lui donner tous les renseignements dont il aurait besoin pour la régularité de ses opérations, le vérificateur, à son tour, a le devoir d'aider cette autorité dans son attribution sur la fidélité du débit au poids et à la mesure, lorsque ses fonctions particulières le mettent sur la trace d'infidélités ou de fraudes.

Aussi, lorsqu'il a terminé ses opérations dans une commune, le vérificateur remet au maire, s'il y a lieu, un extrait de son registre portatif, concernant les injonctions de toutes sortes faites aux assujettis, afin que la police locale pût, si elle le jugeait nécessaire, les rappeler à ces derniers, et, au besoin, en faire sa gouverne dans l'exercice de la surveillance dont nous venons de parler.

Cette surveillance, dont on fait un très-sérieux devoir aux maires, aux adjoints et aux commissaires de police, consiste principalement :

1° A s'assurer de l'exactitude et du fidèle usage des poids et mesures sur les places publiques, et à surveiller les bureaux publics de pesage et de mesurage ;

2° A s'assurer que les poids et mesures, instru-

ments de pesage portent les marques et poinçons
de vérification, et que les assujettis ont fait disparaître les irrégularités signalées dans les notes four-
nies par le vérificateur;

3° A veiller à ce que le public ne soit pas trompé,
et à ce que le consommateur ne croie pas recevoir
pour une quantité déterminée, ce qui y serait inférieur ;

4° A veiller à ce que les vases ou futailles servant
de récipients aux liquides ou autres matières, ne
soient pas réputés mesures de capacité ou de pesanteur ;

5° Enfin, à veiller à ce que, dans le débit en
détail, les boissons et autres liquides soient mesurés
au moyen des mesures légales, devant le consommateur, lorsque celui-ci en exprime le désir.

12. — *Droits de vérification.*

Les vérifications à effectuer nécessitent une dépense : l'arrêté fondamental de l'an 9 a établi une
rétribution pour couvrir les frais de ce service.
L'ordonnance du 17 avril 1839 prend les plus grandes précautions pour que cette rétribution soit le
moins onéreuse qu'il se puisse. Le tarif annexé à
l'ordonnance du 18 décembre 1825 est conservé ;
mais les dispositions qui l'ont ultérieurement modifié et qui ont servi de règle jusqu'en 1840, sont
également maintenues.

Ainsi, l'article 46 de l'acte du 17 avril 1839 consacre de nouveau l'affranchissement accordé, par
l'ordonnance du 18 mai 1838, de tous droits pour
la vérification première des poids, mesures et instruments de pesage, neufs ou rajustés.

A l'égard de la vérification périodique, elle est
gratuite : 1° en faveur des établissements publics,
désignés à l'article 24, et, en général, des établissements où la rétribution retomberait à la charge
de l'État ou des communes ; 2° pour les poids, me-

sures et instruments excédant l'assortiment obligatoire ; 3° pour les instruments de pesage et de mesurage présentés volontairement à la vérification
par des personnes non assujetties.

Quant à la quotité des droits de vérification,
l'ordonnance du 21 décembre 1832, maintenue par
l'article 47 de l'ordonnance du 17 avril 1839, réduit à moitié la rétribution fixée par l'ordonnance
de 1825 pour les balances à bras égaux ; elle accorde, de plus, remise du dixième de leurs taxes aux
assujettis des communes visitées annuellement, et
porte que la demi-taxe à percevoir pour les balances à bras égaux est susceptible aussi de la déduction du dixième dans ces communes (circulaire du
10 avril 1858).

La rétribution est perçue à raison du minimum
obligatoire, lors même que ce minimum ne serait
pas complet. Elle est exigible en totalité dans les
quinze jours qui suivent la publication du rôle.
Dans les localités où la révision périodique n'est
pas annuelle, elle se perçoit intégralement une fois
tous les deux ans.

Les droits de vérification sont mis en recouvrement par les mêmes voies et avec les mêmes termes
de recours, en cas de réclamations, que pour les
contributions directes (article 51 de l'ordonnance
du 17 avril 1839.)

L'article 18 de l'ordonnance du 18 décembre
1825 contenait une disposition semblable, et il a
été jugé qu'aux termes de cet article 18, les réclamations relatives à la contribution des poids et
mesures doivent avoir lieu par les mêmes voies que
pour les portes et fenêtres (ordonnance du conseil
d'État du 25 avril 1834). Ainsi, s'il s'agit d'une demande en décharge ou en réduction, c'est le conseil de préfecture qui statue, sauf recours au conseil d'État ; s'il s'agit d'une demande en remise ou
en modération, le préfet est seul compétent, sauf
recours au ministre des finances. Les premières

doivent être formées dans les trois mois de la publication des rôles, les autres dans l'année.

Les agents du trésor public se mettent eux-mêmes au lieu et place du redevable pour obtenir l'allocation en non-valeur de la cote à recouvrer : 1° lorsqu'il y a erreurs matérielles dans la rédaction du rôle, telles que faux ou double emploi ; 2° lorsque, postérieurement à l'émission du rôle, les assujettis sont devenus insolvables par suite de décès, d'absence ou d'indigence.

Les demandes en remise ou en modération pour chômage d'usines, pour cessation de commerce, après l'époque de la vérification périodique, etc., ne sont pas toujours admises en matière de poids et mesures. En effet, toute cote pour poids et mesures étant, non un impôt, mais une rétribution due à l'État pour le déplacement d'un de ses agents, est nécessairement exigible du moment que ce déplacement a eu lieu. Cependant, si la cessation ou le chômage a causé des pertes, le préfet peut en tenir compte en prenant sa décision.

Les réclamations pour poids et mesures ayant pour objet des cotes inférieures à trente francs ne sont pas assujetties au droit de timbre ; mais celles auxquelles ne serait pas joint l'extrait du rôle ne seraient pas reçues.

L'assujetti qui n'a qu'un lieu de vente n'est astreint qu'à un droit de vérification, quel que soit, d'ailleurs, le nombre d'objets qu'il soumette au poinçonnage ; il est toujours porté au rôle des poids et mesures de la commune où est situé son établissement commercial ou industriel, et celui qui ouvre au public plusieurs magasins, boutiques, ateliers, etc., non contigus ou situés dans des villes différentes, est astreint au paiement d'autant de rétributions qu'il a d'établissements affectés au commerce ; chaque rétribution est, bien entendu, fixée d'après l'assortiment exigible pour chacune des professions exercées.

Le marchand colporteur qui n'a qu'un étalage, ne doit non plus qu'une rétribution ; il en acquitte le montant entre les mains du percepteur qui reçoit celui de sa patente. Pour cela, le vérificateur du ressort procède d'office à l'inscription au rôle des poids et mesures du marchand, qui peut, sans nouvelle rétribution, présenter ses poids et mesures à l'étalonnage au bureau de vérification à sa convenance, et cela, du droit qu'ont les personnes non assujetties de faire vérifier et poinçonner gratuitement leurs poids et mesures.

13. — *Fabrication des poids et mesures.*

La fabrication des poids, mesures et instruments de pesage est licite pour tout le monde, à la seule condition de payer patente et de faire opérer les vérifications voulues par la loi.

Avant de se mettre à l'œuvre, le fabricant doit prendre, au bureau du vérificateur des poids et mesures de son arrondissement, connaissance ou copie des instructions sur la fabrication et sur la vérification de ceux des poids et mesures à la confection desquels il veut se livrer.

Conformément à l'article 4 de l'ordonnance du 16 juin 1839, il est déposé, dans tous les bureaux de vérification, des modèles ou des dessins des poids et mesures légalement autorisés, pour être communiqués à tous ceux qui voudront en prendre connaissance.

Le fabricant ne devra pas négliger non plus de consulter ceux de ces dessins et d'examiner ceux de ces étalons concernant la partie sur laquelle il se propose de travailler ; mais, quelle que soit son habileté, il fera toujours bien d'avoir recours à l'obligeance et aux lumières du vérificateur de sa circonscription. La fabrication des poids et mesures est effectivement soumise à une réglementation tellement circonstanciée, qu'il appartient aux hom-

mes spéciaux seuls d'en embrasser parfaitement
tous les détails, d'en saisir comme d'en interpréter
exactement la lettre et le sens. On s'expose, faute
d'avoir rempli une formalité passée inaperçue ou
insignifiante en apparence, à perdre les fruits d'un
travail souvent pénible et toujours dispendieux.
Au surplus, les vérificateurs des poids et mesures
se font toujours un plaisir comme un devoir, lorsqu'on leur fait l'honneur de les consulter, de donner, avec toute la précision désirable, tous les renseignements nécessaires à une bonne, régulière
et lucrative fabrication.

Aux termes des règlements, aucune mesure ou
aucun poids ne peut être mis en vente ou employé
dans le commerce, s'il n'a été soumis à la vérification primitive pour être marqué des poinçons de
l'État. Cette première vérification est faite, comme
on le sait, au bureau même du vérificateur, et
n'a lieu qu'autant que les poids et mesures à
vérifier portent la marque du fabricant, marque
dont l'empreinte a dû être déposée préalablement
au bureau. Cette marque sert à remonter au fabricant, dans les cas prévus par les règlements.

Les ajusteurs sont aussi tenus de frapper de leur
marque les instruments qu'ils rajustent; ils sont,
au reste, assujettis à toutes les obligations imposées aux fabricants d'instruments de pesage et de
mesurage.

Le fabricant doit, s'il en est requis, justifier de
son domicile dans l'arrondissement, soit au moyen
de sa patente, soit au moyen d'un certificat du
maire de la commune, soit même au moyen d'une
déclaration écrite de sa main; car s'il s'adresse à
un vérificateur d'un autre arrondissement que le
sien, il est à présumer que ce n'est que dans une
intention de fraude.

Lorsqu'il s'agit de poids et mesures fabriqués
à l'étranger, le *possesseur* direct est admis à les
présenter à la vérification, qu'il soit fabricant, com-

missionnaire ou simple marchand ; mais il doit les frapper de sa marque et en déposer l'empreinte au bureau. Le vérificateur peut aussi exiger la preuve de l'origine de la fabrication.

Telles sont les seules formalités à remplir pour faire admettre à la vérification première les poids, mesures et instruments de pesage établis en conformité des actes qui en ont autorisé la fabrication. Mais lorsqu'il s'agit d'un instrument s'écartant des formes usitées ou présentant une disposition nouvelle dans le mode de construction, il doit être soumis à un examen préalable, auquel le ministre a réservé de faire procéder, avant d'accorder, s'il y a lieu, son admission au poinçonnage et l'autorisation de s'en servir dans le commerce : il ne peut être dérogé à cette obligation, que réclame la garantie publique (circulaire du 15 septembre 1839).

Cependant, l'administration, soit en préparant, soit en appliquant les mesures destinées à favoriser le progrès des arts industriels ou à garantir la loyauté des transactions, rencontre une foule de questions techniques, dont la solution exige le concours d'hommes versés, les uns dans les sciences exactes, les autres dans l'économie manufacturière. C'est pour remplir cette mission que le Comité consultatif des arts et manufactures a été créé.

Lorsqu'un fabricant d'instruments de pesage et de mesurage produit un modèle différent de ceux qui sont décrits dans l'ordonnance du 16 juin 1839, le Comité consultatif est donc appelé à examiner si ce nouvel instrument remplit néanmoins les conditions nécessaires pour qu'il puisse être admis à la vérification et au poinçonnage.

Le Comité étant établi auprès du ministère de l'agriculture, du commerce et des travaux publics, ce n'est qu'au ministre chargé de ce département qu'il appartient de communiquer les affaires dont ces membres doivent s'occuper.

En conséquence, lorsqu'un fabricant se trouvera

dans le cas dont il s'agit, il adressera au ministre de l'agriculture et du commerce, par l'intermédiaire du préfet, les pièces nécessaires en pareille circonstance, savoir: 1° une demande en double expédition; 2° un échantillon ou modèle de l'appareil; 3° une description succincte du mécanisme et de l'économie de cet appareil; 4° un bordereau des pièces déposées. Toutes les pièces seront signées par l'impétrant ou par un mandataire, dont le pouvoir restera annexé à la demande. Elles ne devront contenir aucune dénomination de poids ou de mesures autres que celles qui sont portées au tableau annexé à la loi du 4 juillet 1837. Le ministre donne ensuite à la demande les suites que de droit, et, en conséquence de l'avis du Comité consultatif, il accorde ou refuse l'autorisation sollicitée.

Lorsque l'autorisation est accordée, le plan figuratif avec légende descriptive de l'instrument autorisé, est fourni par le postulant, en un nombre d'exemplaires suffisant, et envoyé, par les soins du ministre, à tous les bureaux d'étalonnage de France. Cette publication est obligatoire, et elle est nécessaire aux vérificateurs pour constater la similitude parfaite des instruments présentés à la marque légale, avec ceux qui sont revêtus d'une approbation officielle.

Ces formalités sont indépendantes de celles que prescrit la loi du 5-8 juillet 1844 pour l'obtention d'un brevet d'invention. Au reste, une simple autorisation ministérielle d'admission d'instruments à la vérification ne peut empêcher la contrefaçon (tribunal de Bourg, 8 juillet 1856). Le brevet d'invention seul confère le droit exclusif d'exploiter une découverte ou invention. L'autorisation ministérielle dont il vient d'être parlé permet l'introduction de la découverte dans le commerce, sans rechercher si la personne qui la présente en est effectivement l'auteur, ou si déjà une approbation a été obtenue pour des produits similaires.

Les fabricants, les marchands, comme les ajusteurs, doivent soumettre à la marque de l'année, au fur et à mesure qu'ils les livrent, les poids et mesures vendus aux assujettis. Il est de leur intérêt, aussi bien que de celui de leurs clients, de ne jamais manquer à l'accomplissement de cette formalité, car si, d'une part, la possession et l'usage des poids et mesures non revêtus de la marque annuelle sont interdits aux assujettis, d'une autre part, les poids et mesures livrés, bien qu'empreints du poinçon de vérification première, pourraient, par une cause quelconque, avoir été altérés dans leur justesse et leur exactitude, postérieurement à l'étalonnage primitif, ce qui, dès lors, mettrait non seulement l'assujetti dans le cas d'être poursuivi correctionnellement, mais encore le marchand ou le fabricant, comme complice du délit, ou au moins comme ayant trompé l'acheteur sur la nature de la chose vendue, puisqu'en réalité, il aurait livré un instrument faux et illégal pour un instrument exact et régulier.

Du reste, ce ne sont pas seulement les poids et mesures non revêtus des poinçons de vérification qui sont susceptibles de saisie, mais aussi ceux qui, bien que marqués du poinçon d'une vérification primitive, sont trouvés altérés ou défectueux, quelle que soit d'ailleurs la cause du vice ; ils peuvent être saisis même chez le fabricant, s'ils y ont été trouvés exposés en vente (Cassation, 17 janvier 1845). Or, si un marchand peut être poursuivi pour avoir exposé en vente des poids et mesures faux ou inexacts, à plus forte raison, selon nous, peut-il être poursuivi pour les avoir vendus.

Aussi, aucun instrument de pesage ou de mesurage n'est ordinairement livré sans avoir été présenté, par le vendeur, au bureau de vérification pour y recevoir la marque annuelle : les assujettis n'acceptant les poids et mesures qu'à cette condition. Les marchands que ce système contrarie, gardant en leur possession les poids et mesures qu'ils ont à vendre, n'exposent, de cette façon, ni eux, ni leurs clients, aux peines portées par les lois.

Les fabricants et les marchands de poids et mesures ne sont assujettis à la vérification périodique que pour ceux dont ils font usage dans leur commerce. Les poids, mesures et instruments de pesage et mesurage, neufs ou rajustés, qu'ils destinent à être vendus, doivent seulement être marqués du poinçon de la vérification primitive (ordonnance du 17 avril 1839, article 14).

Il a été décidé, avant l'ordonnance de 1839, que les revendeurs ne sont tenus qu'à une vérification primitive pour les poids et mesures qu'ils revendent, de même que les fabricants ou rajusteurs pour ceux qu'ils fabriquent ou rajustent, et nullement à la vérification périodique à laquelle sont astreints les marchands (Cassation, 18 juin 1835).

Cet ouvrage, on le remarquera, ne traite que des poids et mesures destinés et servant au commerce. Les observations qui précèdent ne s'appliquent non plus qu'à la fabrication des instruments de pesage et de mesurage employés dans les transactions entre acheteurs et vendeurs.

Quant aux poids et mesures dits de *précision* servant à la monnaie, aux analyses chimiques, aux recherches de physique très-délicates, etc., on ne les présente pas à la vérification, par le double motif que les bureaux actuels seraient incompétents, et qu'on n'a point songé, jusqu'à présent, à établir des bureaux où pourraient être faites des vérifications rigoureusement précises.

Aussi, les personnes qui veulent se procurer des mesures parfaitement exactes, sont-elles forcées de recourir à des constructeurs jouissant, sous ce rapport, d'une certaine réputation ; mais, comme ces constructeurs ne peuvent ni confectionner ni vérifier eux-mêmes les mesures qui sortent de leurs ateliers, tout repose, en définitive, sur les soins de l'ouvrier mercenaire et sur l'exactitude des étalons sur lesquels il s'est basé.

TROISIÈME PARTIE.

PRATIQUE.

XXVI.

Principes généraux.

Tout acheteur a le droit de s'assurer si les poids et mesures dont se sert le vendeur sont conformes à la loi; mais les moyens matériels lui manquant généralement pour cet objet, il faut, le plus souvent, qu'il s'en rapporte à la probité du marchand, sinon, qu'il se contente d'une simple inspection oculaire des poids et mesures avec lesquels on pèse ou l'on mesure la marchandise dont il veut faire acquisition. Voyons alors, pour le cas où il jugerait à propos d'user de son droit suivant ce moyen, quels sont les principaux caractères que doit présenter un instrument de pesage ou de mesurage pour faire présumer sa justesse et sa légalité.

Conformément à l'article 10 de l'ordonnance du 17 avril 1839, les poids et mesures nouvellement fabriqués ou rajustés sont présentés au bureau du vérificateur, et vérifiés avant d'être livrés au commerce.

Cette opération se constate par l'apposition d'un poinçon spécial, dont la forme a plusieurs fois varié depuis l'établissement de l'agence des poids et mesures en France. Avant le premier Empire, ce poinçon, désigné par le nom de *poinçon primitif*, consistait dans l'entrelacement des initiales des deux mots *République Française*. Sous Napoléon Ier, il figurait *l'aigle impériale*; sous la Restauration, *une fleur de lis*; sous la dynastie de juillet, *une couronne fermée*. Le gouvernement de l'Empereur Na-

poléon III a maintenu celui qu'avait adopté le pouvoir républicain, en 1848: il consiste en deux mains
disposées de manière à rappeler *l'emblème de la
bonne foi.*

Indépendamment de l'empreinte du poinçon primitif, les instruments de pesage et de mesurage,
en vertu de l'arrêté ministériel du 16 février 1853,
reçoivent, en même temps, celle d'un second poinçon portant le *numéro d'ordre* du bureau où ils
sont admis à la vérification.

Les poids et mesures sont ensuite inspectés pé-
riodiquement dans leur usage par les agents du
service, qui constatent chacune de leurs vérifications par l'application d'un troisième poinçon,
nommé *poinçon annuel.* Ce poinçon est toujours
une des 25 lettres de l'alphabet, renouvelée à chaque
exercice et remplacée par celle qui la suit immédiatement dans l'ordre abécédaire. Si l'on se rappelle
maintenant qu'en 1852 cette lettre était la lettre A,
il sera toujours facile de déterminer, au moyen du
plus simple calcul, celle de l'année dans laquelle on
se trouve. Cette lettre sera la lettre H pour l'exercice 1860.

Cela dit, il faut, pour s'assurer de la légalité d'un
instrument de pesage ou de mesurage, voir s'il
porte la marque des poinçons dont nous venons de
parler, savoir : le poinçon primitif, le poinçon
d'ordre, et le poinçon à la lettre de l'année courante.

La présence de ces trois poinçons sur un objet
peut aussi être une présomption de sa justesse, mais
seulement une présomption; car, malgré tous les caractères légaux dont ils seraient revêtus, des poids
et mesures pourraient, par le fait du vendeur ou
autrement, avoir été altérés postérieurement à la
dernière vérification périodique, et, dès lors, ne
plus présenter ni la pesanteur ni la contenance règlementaires, bien que, encore une fois, ils revê-
tissent toutes les apparences légales.

Un autre droit que le consommateur ne doit pas négliger de faire valoir à l'occasion, c'est celui qu'il a de se faire servir avec la mesure effective de l'assortiment du marchand, la plus grande par rapport à la quantité de matière à mesurer. Ce droit existe également, bien entendu, lorsqu'il s'agit d'une opération de pesage.

Nous voulons dire, par exemple, que cinq kilogrammes de pain doivent se peser avec le poids de 5 kilogrammes, et non avec cinq poids de 1 kilogramme; que 20 litres de blé doivent se mesurer avec le double décalitre, et non avec le décalitre, le demi-décalitre, le double litre, et encore moins avec le litre, dont on répèterait vingt fois la contenance.

La raison de ce principe est facile à saisir. On sait qu'il n'est pas, pratiquement, possible de donner aux mesures, ainsi qu'aux poids, une valeur rigoureusement exacte. Aussi la loi a-t-elle dû tolérer pour chacun des poids et mesures une certaine différence, qui est toujours en plus, et dont l'importance est communément en raison inverse de la grandeur de l'instrument.

En pesant ou en mesurant comme nous l'indiquons, l'avantage, il est vrai, semble être pour le vendeur, puisque le total des tolérances, sur plusieurs mesures, est généralement plus élevé que la tolérance sur la mesure qui les contiendrait toutes. C'est ainsi que, la tolérance en plus sur 1 kilogramme étant de 1 gramme, et la tolérance en plus sur un poids de 5 kilogrammes étant de 4 grammes, cinq poids de 1 kilogramme peuvent peser ensemble 5 kilogrammes 5 grammes, tandis que, dans aucun cas, le poids de 5 kilogrammes ne peut valoir plus de 5 kilogrammes 4 grammes.

Mais, lorsqu'il s'agit de mesurer des grains, du blé, par exemple, bien que, pour toutes les mesures en bois, la différence tolérable soit de $\frac{1}{100}$ de la mesure, qu'elle soit de $\frac{1}{500}$ pour les grandes mesures en cuivre et en tôle, et qu'elle puisse être de $\frac{1}{200}$ pour les mesures de même matière du double litre et au-dessous, en prenant 20 fois le litre pour former le double décalitre, l'opération est au préjudice de l'acheteur ; car, en supposant des vases de même capacité, mais inégaux en diamètre comme en hauteur, le grain éprouvera moins de tassement dans la mesure la moins haute, et, dès lors, y sera contenu en moins grande quantité.

On conçoit, d'après cela, qu'on aura une moins grande quantité de blé en prenant 20 fois un litre, qu'en mesurant le tout, en une seule fois, avec le double décalitre, dans lequel le tassement serait proportionnellement plus considérable que dans le litre simple.

Du reste, le vendeur jaloux de sa réputation se fera toujours un scrupuleux devoir de rechercher le mode de pesage ou de mesurage le plus simple possible, et de n'opérer jamais qu'avec le nombre de mesures ou de poids strictement nécessaire. Le consommateur serait en droit de supposer, en effet, que l'emploi d'un assortiment de poids ou de mesures décomposé d'une manière hors de propos, n'a d'autre but que de dissimuler en quelque sorte, à ses yeux, la quantité de marchandise qui lui est livrée, et qu'ainsi à lui faire passer plus facilement inaperçue une infidélité commise à son préjudice.

D'un autre côté, l'emploi de plusieurs mesures, auxquelles on pourrait en substituer un moins grand nombre, a encore pour effet de compliquer l'opération et les calculs qui s'ensuivent. Sans doute, lorsqu'il s'agit d'entrer en compte après le pesage ou le mesurage, il n'y a là aucun embarras pour le marchand, que l'expérience a rendu habile ; car, par un procédé qui lui est souvent propre, il a toujours très-rapidement déterminé et la quantité et le prix de la denrée vendue.

Il n'en est pas généralement de même pour l'acheteur. Au contraire, soit par crainte de se tromper, soit par crainte de laisser douter de son aptitude en cette matière, très-souvent il accepte la déclaration qui lui est faite au sujet de la quantité de marchandise, et verse, sans aucune vérification, la somme qui lui est demandée. Mais que de mécomptes doivent résulter pour lui de cette confiante manière de procéder !

Quoiqu'il n'y ait rien, que nous sachions, d'officiellement prescrit à ce sujet, il convient donc pourtant que le mode énoncé soit partout exactement suivi, afin que l'acheteur trouve, dans la simplicité même de l'opération, un moyen de vérification prompt et sûr. Au reste, il est partout possible, puisque, aux termes de l'article 45 de l'ordonnance du 17 avril 1839, chaque profession est tenue de se pourvoir d'un assortiment de poids, mesures et instruments de pesage, dont la composition, arrêtée par l'autorité administrative, concorde, autant qu'il est permis, tant avec les besoins de chacune d'elles, qu'avec la nature et l'importance de ses rapports avec le public.

Il est encore un point sur lequel nous croyons utile d'appeler l'attention de nos lecteurs. Après avoir fait choix de la denrée dont il veut faire acquisition, l'acheteur ne doit plus s'occuper que des poids et mesures que le marchand emploie pour en estimer la valeur : car l'acheteur ne paie réellement que la quantité donnée en résultat par l'opération du pesage ou du mesurage. Comme il n'est pas de règle de payer avant d'avoir reçu l'objet acheté, on ne doit pas non plus rechercher d'abord ce qu'on aura de marchandise pour une somme convenue, mais bien ce qu'on aura à payer pour une quantité de marchandise pesée ou mesurée au préalable.

L'acheteur, par conséquent, ne doit jamais demander une espèce de denrée pour une somme fixée ; mais bien préciser d'abord la quantité de marchandise qu'il désire, et payer ensuite en raison du poids ou de la mesure. Ainsi, il ne demandera pas du pain, de la viande, des légumes, etc., pour 50 centimes, pour 2 francs, pour 10 centimes, etc., mais bien 1, 2, 3, etc., kilogrammes de pain; 1, 2, 3, etc., hectogrammes de viande; 1, 2, 3, etc., litres de légumes, et s'assurera ensuite si on lui fait bonne mesure ou poids exact.

Cette manière de s'énoncer auprès du vendeur étant, en outre, un moyen indirect de l'avertir que l'on s'entend aux poids et mesures, en y ayant recours, on se procure la chance favorable de lui ôter l'envie d'agir indélicatement.

Ce mode de procéder est d'ailleurs aussi logique qu'avantageux. En effet, pour déterminer la somme qu'en fin de compte on a à débourser, il suffit, par ce moyen, de multiplier le prix de la quantité de marchandise prise pour unité, par le nombre exprimant la quantité même de matière achetée. En demandant, au contraire, une marchandise d'une espèce quelconque pour une somme fixée, on est conduit à chercher combien de fois la somme destinée à l'achat de cette marchandise contient le prix de l'unité de cette même marchandise. C'est donc ici une division qu'on a à effectuer, tandis que, dans le premier cas, c'est une multiplication, dont le résultat, comme on le sait, s'obtient, en général, plus rapidement que celui auquel conduit une division. Exemple : demandez-vous 3 $^{kilog.}$, 50 de viande à 1 $^{fr.}$, 20 $^{c.}$ le kilogramme? Vous avez à payer au boucher 1,20 $\times$ 3,50 ou 4 $^{fr.}$, 20 ; mais demandez-vous du pain pour 3 $^{fr.}$, 50, le kilogramme étant taxé 0 $^{fr.}$, 40 ? Le boulanger aura à vous livrer $\frac{3,50}{0,40}$ ou 8 $^{kilog.}$, 75 de pain. Voyez maintenant quelle est celle de ces deux opérations que vous avez effectuée avec le plus de facilité. Il doit résulter pour vous de cette expérience que le principe que nous établissons, est, ainsi que nous l'avons dit, aussi logique qu'avantageux et simple.

Cependant, nous devons le dire, ce principe reçoit rarement son application. Dans le commerce en détail, au contraire, on procède généralement de la manière opposée. Les consommateurs n'ayant souvent, en effet, qu'une très-petite somme à dépenser, demandent fréquemment pour 35 centimes de viande, pour 25 centimes de beurre, pour 15 centimes de légumes, etc., parce qu'en réalité, ils n'ont à dépenser que 35 centimes en viande, 25 centimes en beurre, 15 centimes en légumes, etc., parce que, d'un autre côté, ils ne savent souvent ni ce que coûte le kilogramme de viande ou de beurre, ni ce que coûte le litre de légumes, etc.

Ces prix fussent-ils d'ailleurs toujours connus, que les acheteurs n'en négligeraient pas moins souvent de déterminer arithmétiquement les quantités qui correspondent, d'après ces prix, aux sommes à dépenser. La crainte de commettre une erreur et d'avoir, par suite de cette erreur, à payer une somme plus élevée que la somme disponible, empêchera un grand nombre d'acheteurs, pendant longtemps encore, de sortir de l'ornière de la routine à cet égard.

Nous ferons enfin observer que le législateur a évité de faire dégénérer en gêne pour la liberté du commerce, les soins qu'il a donnés au maintien de l'uniformité des poids et mesures.

Ainsi, chacun peut vendre ou acheter à telle des mesures légales que bon lui semble ; ce qui comprend la faculté de vendre *au poids* ou *à la mesure*, à son choix, les marchandises qui seraient susceptibles de l'un et de l'autre.

On peut vendre et coter les prix des marchandises au *kilogramme* comme aux 100 *kilogrammes;* compter avec l'acheteur par *litres, décalitres* et *hectolitres;* par *stères* et *décastères*, etc.

Pour constater un prix légal, pour établir des mercuriales, pour règlementer l'usage des halles, etc., les autorités locales ne doivent se servir ni des *doubles* ni des *moitiés* des unités principales, ni des *doubles* ni des *moitiés* de leurs multiples ou sous-multiples. Ainsi, telle marchandise ne se cotera pas ici à *tant* le *demi-kilogramme*; telle autre ne se cotera pas là à *tant* le *double décalitre*, etc. Les *doubles* et les *moitiés* des poids et mesures ont été autorisés pour la commodité du commerce, pour la facilité des opérations du pesage ou du mesurage, et non comme *mesures de compte*. Le public ne doit donc jamais avoir à s'occuper que des mesures *simples* ou *entières*, telles que le kilogramme, l'hectogramme, le décagramme; l'hectolitre, le décalitre, le litre, le décilitre, le centilitre; le franc, le décime, le centime, etc. D'ailleurs, dès qu'on a basé le prix des marchandises sur ces poids, mesures et monnaies, le prix des doubles et des moitiés se trouve fait naturellement.

L'usage de vendre *aux* 50 *kilogrammes* doit être aussi abandonné pour celui de vendre *aux* 100 *kilogrammes* ou quintal métrique, du prix duquel se déduit si directement celui du kilogramme, de l'hectogramme, etc.

Depuis longtemps, le gouvernement a adopté le principe que nous professons. Sur le tableau régulateur publié chaque mois par ordre du ministre de l'agriculture, du commerce et des travaux publics, le prix du froment est coté à l'*hectolitre* et au quintal métrique. Dans le service des douanes, les droits d'importation et d'exportation ne s'établissent pas autrement non plus que par unités principales, ou par multiples et sous-multiples, *simples* ou *entiers*, des poids et mesures. Toutes les administrations publiques, d'ailleurs, ne s'écartent généralement pas de cette règle.

Quand les marchandises ont été vendues en bloc, la vente est parfaite, quoiqu'elles n'aient pas encore été pesées, comptées ou mesurées (Code Napoléon, article 1586).

Lorsque les marchandises ne sont pas vendues

en bloc, mais au poids, au compte ou à la mesure, la vente n'est point parfaite, en ce sens que les choses vendues sont aux risques du vendeur jusqu'à ce qu'elles soient pesées, comptés ou mesurées; mais l'acheteur peut demander, ou la délivrance ou des dommages-intérêts, s'il y a lieu, en cas d'inexécution de l'engagement (Code Napoléon, article 1585).

A l'égard du vin, de l'huile, et des autres choses que l'on est dans l'usage de goûter avant d'en faire l'achat, il n'y a point de vente tant que l'acheteur ne les a point goûtées et agréées (Code Napoléon, article 1587).

Les ventes de marchandises entre marchands se constatent, le plus souvent, par des factures acceptées, en vertu de l'article 109 du Code de commerce. Nous indiquerons plus loin la manière dont ces actes sont dressés.

Ces principes généraux étant posés, nous allons entrer dans les détails de chacune des opérations du pesage et du mesurage en particulier.

XXVII.

Mesurer une longueur.

1. — *Pratique du mesurage.*

Cette opération, une des plus simples de celles qui se présentent dans la pratique des poids et mesures, consiste à porter le décamètre, le mètre, le décimètre, etc., sur la grandeur à mesurer, en suivant une ligne droite, et marquant d'un trait le point où finit une mesure et commence la suivante. Cette marque peut se faire avec de la craie, avec un crayon, avec la pointe d'un instrument tranchant, suivant l'exactitude qu'on veut apporter à cette opération. Mais il faut préalablement savoir tracer la ligne droite suivant laquelle la ligne donnée doit être mesurée.

Pour tracer une ligne droite sur le papier, on se sert d'une règle, le long d'une des arêtes de laquelle on fait glisser un crayon ou une plume, constamment en contact avec elle.

Lorsqu'il s'agit de tracer une ligne droite de plusieurs mètres d'étendue, on se sert d'un cordeau qu'on tend sur la surface sur laquelle on se propose de tracer la ligne, et dans la direction qu'on veut lui donner. A cet effet, on enduit ce cordeau de craie, de pierre rouge ou noire, ou de toute autre matière colorante, et, tandis que ses extrémités sont maintenues fixes, on le pince vers son milieu en le soulevant légèrement, pour le laisser ensuite tomber dans sa première position. Par sa chute, le cordeau laisse une trace de la matière dont on l'a frotté, et cette trace elle-même est la ligne droite. C'est ainsi que les scieurs de long, par exemple, dessinent la ligne qui doit diriger leur trait de scie.

La méthode par laquelle les jardiniers alignent, au moyen du cordeau, leurs planches et leurs allées, est connue de tout le monde.

Si l'on a besoin d'une ligne droite d'une longueur considérable, ainsi qu'il arrive toujours dans les opérations d'arpentage, au lieu de tracer la ligne tout au long, on se contente d'indiquer un nombre suffisant de ses points. On se sert pour cela de jalons qu'on plante de distance en distance, dans la direction de la ligne à tracer.

Il n'est pas toujours nécessaire d'avoir recours à ces procédés, car souvent les lignes à mesurer sont naturellement tracées. Lorsqu'on veut, en effet, mesurer les dimensions d'une cour, d'un plafond, d'une boiserie, d'une planche, d'une feuille de papier, etc., la longueur à mesurer est toujours assez exactement indiquée par l'une des arêtes de ces objets, ou par l'une des lignes qui en déterminent la figure.

Le mesurage des tissus présente une exception à la manière de mesurer les longueurs. Comme les étoffes ont besoin d'être convenablement tendues pour que la longueur en puisse être exactement évaluée, c'est l'objet à mesurer lui-même que l'on porte sur la mesure, en indiquant chaque longueur, sur l'un des côtés du tissu, avec les extrémités des deux premiers doigts de chaque main; et en preprenant invariablement le point marqué par la main gauche pour celui d'où doit partir la mesure d'une nouvelle longueur de l'instrument, qui, dans ce cas, se trouve presque toujours être le mètre.

L'usage, consacré dans le commerce, de ne mesurer les tissus précieux qu'avec des mètres d'une seule pièce, a sans doute prévalu par le motif que les mètres brisés ou pliants, quoique justes, ne s'étendent pas toujours facilement bien, et que, par cette raison, ils n'indiquent pas toujours très-exactement la longueur vraie du mètre.

Lorsque, pour mesurer les grandes longueurs, on fait usage de la chaîne d'arpenteur, on ne doit pas oublier que la longueur de cette mesure est comptée depuis l'extrémité intérieure d'une des poignées ou mains, jusqu'à l'extrémité intérieure de l'autre, déduction faite de l'épaisseur d'un des chaînons. En voici la raison :

Lorsqu'on fait usage d'une chaîne pour mesurer un terrain, on commence par y ficher un premier piquet, autour duquel on adapte la poignée de la chaîne; on tend celle-ci, et on fiche un second piquet, passé d'abord dans l'autre poignée. On ôte le premier piquet et la chaîne; on adapte la poignée au deuxième piquet; on tend la chaîne; on enfonce le troisième piquet, passé auparavant dans la poignée, etc., etc. Ces piquets sont ordinairement formés de fil de fer, du même diamètre que celui qui est employé pour la construction de la chaîne : il en résulte donc que la vraie longueur mesurée sur le terrain, par ce procédé, se compose de toutes celles qui sont comprises entre les centres des piquets, et que, par conséquent, la longueur de la chaîne doit être celle que nous avons énoncée. Aussi, dans l'étalonnage d'une chaîne métrique, se fonde-t-on sur cette considération, que cette chaîne soit, d'ailleurs, ou un double décamètre, ou un décamètre, ou un demi-décamètre.

Le résultat décimal de la mesure d'une longueur s'énonce en mètres et centimètres. Ainsi, on dira mieux, par exemple, qu'une table a 2 mètres 40 centimètres, que 2 mètres 4 décimètres de longueur; qu'elle a 98 centimètres, que 9 décimètres 8 centimètres de largeur. Mais il sera bon de conserver dans l'esprit la décomposition primitive, qui permettra mieux d'apprécier la dimension envisagée. On tiendra compte des millimètres en mesurant des objets de petites dimensions, telles que: les dimensions d'une ardoise, la longueur d'une règle, les dimensions d'un carreau de vitre, etc. Au reste, quelles que soient les subdivisions du mètre dont on fasse usage, on ne devra jamais employer à la fois plusieurs de ces subdivisions. On ne dira donc pas, non plus, qu'une ligne a 4 centimètres 8 millimètres, mais bien 48 millimètres.

Le kilomètre est généralement pris aujourd'hui pour unité des mesures itinéraires. A ce sujet, il est encore à remarquer que, dans la pratique, quand on considère ce multiple comme unité principale, on évite aussi de prononcer plusieurs noms dans le même nombre. Ainsi, on énoncera 52 kilomètres 48 centièmes, ou simplement 52 kilomètres 48, plutôt que 52 kilomètres 4 hectomètres 8 décamètres, ou seulement que 52 kilomètres 48 décamètres. On dira de même 416 kilomètres 295 millièmes, ou simplement 416 kilomètres 295, plutôt que 416 kilomètres 2 hectomètres 9 décamètres 5 mètres, ou seulement que 416 kilomètres 295 mètres.

2.— *Observations sur l'emploi des différentes sortes de mesures linéaires.*

Outre le double décamètre, le décamètre et le demi-décamètre, construits en forme de chaîne, et exclusivement réservés à la mesure des terrains, on fait usage, dans les arts et le commerce, de doubles mètres, de mètres, de demi-mètres, de doubles décimètres et de décimètres, qu'on distingue en *mesures droites*, en *mesures brisées* et en *mesures pliantes*.

Les *mesures droites* se font d'une seule pièce; les *mesures brisées* se composent de deux branches réunies, soit à l'aide de brisures à vis, soit à l'aide de charnières; enfin, les *mesures pliantes* sont formées de branches minces superposées, affleurées de longueur et maintenues avec goupilles et rosettes.

Lorsqu'un règlement administratif n'a pas spécialement désigné l'espèce des mesures linéaires dont doit être pourvue telle ou telle classe d'assujettis, chaque commerçant ou industriel peut choisir, parmi les diverses sortes de mesures de longueur dont nous venons de parler, celles que la nature de sa profession, de son industrie ou de son commerce lui paraît le mieux comporter.

Les mètres et les demi-mètres droits doivent seuls servir à la vente et au mesurage des marchandises dans les magasins. Les mètres et les demi-mètres pliants ou à rosettes conviennent dans les ateliers, pour mesurer les dimensions des objets qu'on y confectionne. Les doubles mètres, d'une pièce ou brisés, servent à l'arpenteur dans la mesure des terrains de peu d'étendue. Les ouvriers en bâtiments, les entrepreneurs de travaux publics, les charpentiers, les paveurs, etc., font assez généralement usage du mètre-canne ou du double mètre, formé par la réunion de deux mètres-cannes. Le

double décimètre, d'une ou de deux pièces, et le décimètre, ordinairement construit d'une seule pièce,
sont les mesures des architectes, des dessinateurs
et autres, dans leurs cabinets.

On fabrique beaucoup de mètres pliants en métal, notamment en laiton. Ces mètres peuvent se
faire et se font même avec une grande précision;
mais ils présentent des inconvénients qui peuvent
balancer cet avantage. Ces mesures, en effet, pour
ne pas être trop lourdes, doivent être assez minces;
mais alors il est facile de les tordre, et, par conséquent, de les fausser. Ensuite, ce métal s'oxyde,
et, lorsqu'on a les mains humides, on sait quelle
mauvaise odeur le cuivre qu'on a touché commu-
nique aux doigts.

Sans doute, en considérant toutes les mesures
les unes après les autres, ainsi que la matière qui
les forme, on y découvrira des inconvénients, mais
celles qui présenteront le plus d'avantages et le
moins de défauts devront être préférées.

Ainsi, pour les mesures de longueur, celles qui
sont faites en ébène subiront moins les influences
de la température que celles qui sont fabriquées en
baleine, et pourront conséquemment donner toujours une précision plus grande.

Cependant, les mesures en baleine, qui s'allon-
gent à l'humidité et se retirent à la sécheresse,
lorsqu'elles ont été bien séchées et qu'on ne leur
fait plus subir de variations de température, comme
lorsqu'un ouvrier remet chaque fois son mètre dans
sa poche après en avoir fait usage, ces mesures,
ainsi que le démontre l'expérience, ne varient plus
guère. D'un autre côté, les mesures en baleine sont
très-commodes par leur légèreté et par leur sou-
plesse, qui permet de prendre la circonférence d'un
grand nombre de corps; nous dirons même qu'elles
sont douées d'une solidité relativement grande :
elles cassent effectivement moins facilement que
les mesures fabriquées en ivoire, en ébène et même
en buis.

L'ivoire, que l'on croit susceptible d'une grande précision, étant un corps organique aussi bien que la baleine, doit nécessairement être aussi hygrométrique, mais peut-être moins que cette dernière matière, parce que, la contexture de l'ivoire étant plus serrée que celle de la baleine, l'atmosphère la fera moins varier, ou du moins beaucoup plus lentement.

Le buis en se séchant se retire beaucoup, et, si elle a été prise dans le cœur du bois, la mesure sera peu précise, car le retrait sera encore plus considérable.

Les mètres construits en fer sont peu demandés en fabrique, parce qu'ils ont l'inconvénient de s'oxyder en magasin. Cependant, par l'usage, ils finissent par conserver leur poli, comme le ferait une clé qu'on a l'habitude de porter sur soi. Lorsqu'on peut les maintenir en cet état, on doit les préférer aux mètres en cuivre, qui sont moins sains et moins solides. Quelques fabricants ont cherché à empêcher l'oxydation des mètres en fer par l'étamage; ce procédé n'a pas réussi, l'étamage s'enlevant ou se ternissant sous le choc du balancier à l'aide duquel s'impriment les divisions de la mesure.

Les mètres en zinc ont peu de valeur, à cause de la flexibilité de ce métal en lames et de son manque d'élasticité.

Quant aux mètres en bois ordinaire, ils ont le mérite du bon marché.

D'où nous concluons que les ouvriers doivent peu rechercher les mètres en buis et en cuivre, et qu'à tout considérer, les mètres en baleine et en fer méritent leur préférence. Les mètres en maillechort sont aussi d'excellentes mesures. Nous engagerions même les artisans à ne faire usage que de cette dernière espèce de mètres, si ce n'était le prix un peu élevé auquel les livrent les détaillants.

Nous devions cet avis à nos lecteurs. Placé dans une circonscription où la fabrication des mesures

linéaires a atteint un immense développement, nous
avons pu, en nous livrant à des observations nombreuses, nous former des idées nettes et précises
sur cet objet.

Il faut peu se fier à l'exactitude d'une longueur
prise avec des mesures en rubans, parce que ces
mesures peuvent très-facilement s'étendre ou se
raccourcir; elles ne sont pas, d'ailleurs, reconnues
par la loi; et elles ne peuvent tenir lieu, dans la
composition du minimum obligatoire, des mesures
mentionnées au tableau n° 1 annexé à l'ordonnance
du 16 juin 1839.

XXVIII.

Mesurer une surface.

1. — *Principes spéciaux.*

Pour mesurer une surface de forme quelconque,
on cherche combien de fois elle contient la surface
d'un carré pris pour unité.

On ne mesure pas les surfaces aussi aisément que
les lignes, puisque, comme on l'a déjà vu, pour mesurer une ligne, il suffit de porter le mètre et ses subdivisions sur cette ligne, autant de fois qu'ils peuvent
y être contenus; tandis que, pour mesurer un terrain
triangulaire ou de forme ronde, on ne peut plus
agir de même : car la surface de ce terrain ne pourrait être exactement recouverte par les différents
carrés que l'on prend pour unité de mesure. Cependant, quelle que soit la forme de la surface que
l'on veut évaluer, par exemple, un rectangle, un
triangle, un cercle ou un ovale, on conçoit bien que
cette surface équivaut à un certain nombre de fois
celle du carré pris pour unité de mesure; seulement, il faut connaître les règles que la géométrie
enseigne pour évaluer en carrés la surface des figures de toute espèce.

La surface du carré, élément des mesures de surface, s'obtient en multipliant le côté par lui-même. Ainsi, si une table carrée a 4^m,20 de côté, elle aura pour surface 4,20 × 4,20 = 17$^{m.}$ carrés,64. La surface d'un bois parfaitement carré et mesurant 845 mètres de côté, sera 845 × 845 = 7140^a,25.

La surface d'un rectangle se mesure en multipliant sa base par sa hauteur. Une porte ayant 1^m,25 de base sur 2^m,75 de hauteur aura pour surface 1,25 × 2,75 = 3$^{m.}$ carrés,4375. La superficie d'un champ ayant 780 mètres de longueur sur 25 de largeur, sera exprimée par 780 × 25 = 195 ares.

La surface d'un parallélogramme s'obtient en multipliant un de ses cotés par sa distance au côté qui lui est parallèle. Si l'on regarde ce côté comme *base*, la distance de sa parallèle sera la *hauteur* de la figure; on dit, pour abréger, que la surface d'un parallélogramme est égale au produit de sa base par sa hauteur. En effet, un parallélogramme a la même surface que le rectangle de même base et de même hauteur.

Pour le losange, il suffit de multiplier entre elles ses deux diagonales, et de prendre la moitié du produit.

La surface du triangle s'obtient en multipliant sa base par la moitié de sa hauteur, ou en multipliant sa base par sa hauteur et en prenant la moitié du produit. Comme on peut considérer un triangle comme reposant sur chacun de ses côtés, chacun des trois côtés peut être considéré comme base du triangle, et sa hauteur est la distance du sommet de l'angle opposé, à ce même côté pris pour base. En effet, la surface d'un triangle est la moitié du parallélogramme qui a même base et même hauteur.

Pour obtenir la surface d'un polygone quelconque, on décompose la figure en autant de triangles qu'elle a de côtés moins deux, en menant de l'un quelconque des sommets à tous les autres, des droites appelées diagonales. On mesure ensuite la surface de chacun de ces triangles, et on en fait enfin la somme.

Il suit de là que la surface d'un trapèze s'obtient en multipliant la demi-somme de ses côtés parallèles par leur distance ou hauteur de la figure.

Pour obtenir la surface d'un cercle, on multiplie sa circonférence par la moitié du rayon, ou par le quart du diamètre. Ou, ce qui revient au même, on multiplie le carré du rayon par $\frac{22}{7}$ ou 3,1416.

La surface d'un secteur, qui n'est qu'une portion du cercle, comprise entre deux rayons et l'arc intercepté, s'obtient en multipliant l'arc par la moitié du rayon.

Ainsi, la surface d'un cercle de 4 mètres de rayon est égale à $4^2 \times 3,1416 = 50^{m.\,carrés},2656$. La surface d'un secteur de ce cercle dont l'arc intercepté aurait $2^m,50$, serait $2,50 \times 2 = 5$ mètres carrés.

2.— *Applications diverses.*

Parmi les nombreuses circonstances du mesurage des surfaces, les plus-ordinaires consistent en la mesure d'un plafond, d'un plancher, d'une face de muraille, d'un pan de boiserie, etc. Or, toutes les figures qu'on rencontre alors sont presque généralement des rectangles ou des carrés; l'opération se réduit donc à mesurer la base ou la longueur de chacune d'elles, sa hauteur ou sa largeur, et de multiplier entre elles ces deux dimensions; et, d'après ce qui a été dit précédemment touchant la mesure des surfaces, on n'éprouvera aucune difficulté en pareil cas. Du reste, comme on a pu le remarquer, les entrepreneurs et les ouvriers en bâtiments connaissent assez parfaitement les noms des figures qui se présentent le plus fréquemment dans la pratique de leur art. Conséquemment, il leur suffira presque toujours de se rappeler les principes énoncés plus haut, tant pour évaluer la surface que pour déterminer le prix des travaux qu'ils auront exécutés. Nous nous bornerons donc ici à présenter les règles relatives à quelques cas particuliers, dans lesquels on nous a paru d'ailleurs souvent fort embarrassé.

Pour métrer la maçonnerie d'un puits, on se la représente comme développée en une muraille droite, dont la longueur serait la circonférence du diamètre de ce puits, et dont la hauteur serait la profondeur. Alors on déterminerait la longueur de la circonférence d'après celle du diamètre. Ainsi, si le diamètre était d'un mètre, la circonférence serait 3^m,1416; et si la profondeur était de 10 mètres, la surface de la maçonnerie du puits serait donc de 31^m carrés,4160. On obtiendra aussi, de cette manière, la surface de la maçonnerie d'un bassin quelconque; seulement, dans le cas où il serait creusé en talus, il résulterait que la maçonnerie serait plus longue du bout supérieur que de l'inférieur; alors il faudrait additionner les deux longueurs, et prendre moitié de leur somme, puis multiplier cette moitié par la profondeur mesurée perpendiculairement : le résultat serait l'expression de la surface cherchée.

Les maçonneries en voûtes s'évaluent d'après leur surface, ce qui se fait en multipliant le cintre ou pourtour par la longueur de la voûte; et en ajoutant, d'après l'usage, un tiers en plus pour la surface des reins. Ainsi, la surface d'une voûte ayant 10 mètres de longueur sur 6^m,50 de cintre, sera 6,50 $\times$ 10 = 65 mètres carrés. Toute la difficulté dans cette opération se trouve dans la manière de mesurer le pourtour de la voûte. Le moyen le plus simple consiste à prendre un mètre en baleine ou une règle très-flexible, avec laquelle on contourne le cintre intérieur d'une naissance à l'autre, en ayant soin d'appliquer exactement, sur la surface de ce cintre, toutes les parties de la règle avec laquelle on mesure. La longueur ainsi obtenue représente celle du cintre développée en ligne droite.

L'aiguille du pignon d'un mur présente, le plus souvent, la figure d'un triangle isocèle ayant pour base la longueur de ce mur : pour obtenir la surface de cette figure, sans s'occuper de sa hauteur, qu'il n'est pas toujours facile de mesurer, l'usage est de prendre la moitié de sa base ou la moitié de la longueur du mur, qu'on multiplie par elle-même.

Les toits des bâtiments, lesquels présentent différentes figures, telles que rectangles, parallélogrammes, triangles, trapèzes, etc., quelle que soit leur inclinaison, se mesurent comme ces figures et s'évaluent au mètre carré comme s'ils étaient pleins, sans rien diminuer pour les lucarnes.

Il est aussi presque toujours d'usage de toiser les façades d'une maison, tant pleines que vides, sans rien diminuer pour les ouvertures.

La charpente du comble d'un bâtiment se mètre et se calcule sur la toiture, c'est-à-dire que le nombre de mètres carrés contenus dans la toiture, donne celui de la charpente. On n'a pas égard ici aux travaux de main-d'œuvre que le charpentier a exécutés pour distribuer les pièces de bois destinées à supporter le comble, le prix en étant confondu avec celui qui est alloué par mètre carré de charpente.

L'usage exige, lorsqu'il s'agit du mesurage d'une toiture, d'accorder en plus au couvreur $0^m,32$ sur la longueur de chaque face par chaque *lisière*, $0^m,16$ de *doublis* sur la largeur, et $0^m,32$ de *faîtage* pour les deux faces.

La surface de la menuiserie des croisées se mesure et se calcule comme si elles étaient pleines, sans rien diminuer pour les vides ou châssis destinés à recevoir les carreaux de vitre. Il en est de même de la vitrerie : on ne déduit rien non plus pour la surface des traverses des châssis.

Les ouvrages d'ornement dans les constructions, tels que la taille de la pierre à ciselures et à moulures pour portes et croisées; l'exécution des cordons de sculpture sur bois et sur pierre, des corniches en bois ou en plâtre, etc., s'évaluent le plus ordinairement au mètre courant.

Les différentes opérations d'arpentage relatives à l'évaluation des terrains, présentent souvent de grandes difficultés. En effet, il arrive presque constamment que les figures à arpenter sont plus ou moins irrégulières, ce qui fait que, pour obtenir un résultat rigoureusement exact, on est fréquemment obligé de décomposer ces figures en quadrilatères, en rectangles et en triangles. Mais, ce travail exigeant des connaissances spéciales, les propriétaires n'en doivent jamais confier la direction qu'à des arpenteurs d'un mérite notoire; d'ailleurs, il faut le dire, la plupart des contestations, entre voisins, n'ont souvent d'autre cause que la fausseté des principes de la routine, d'après laquelle seule opèrent les personnes étrangères aux procédés de l'art.

XXIX.

Mesurer un solide.

1.— *Bois de chauffage.*

Les règles qui servent à estimer le volume des différents corps, sont exposées dans les traités de géométrie, après les règles relatives à la mesure des surfaces. Nous renvoyons, pour une connaissance plus complète des unes et des autres, aux ouvrages spéciaux, car, dans le chapitre précédent, nous n'avons fait qu'énoncer les principes de la mesure des surfaces, et, dans celui-ci, nous n'exposerons que ceux de la mesure des solides adaptés aux bois de chauffage et de charpente.

Comme on l'a vu par l'ordonnance du 16 juin 1839, les mesures effectives pour le bois de chauffage sont de trois sortes, savoir : le stère, le double stère et le demi-décastère.

Dans l'usage de l'une comme de l'autre de ces mesures, on empile le bois entre les deux montants, dans un sens perpendiculaire à la sole, de manière à laisser le moins de vides possible entre les bûches ; et la hauteur de la pile, égale sur toute la longueur de la mesure, doit être telle qu'en la multipliant successivement par la longueur des bûches et la longueur de la sole, on obtienne exactement 1, 2 ou 5 stères.

Si tous les bois étaient coupés à un mètre de longueur, la hauteur des montants des membrures pourrait être invariablement fixée : elle serait, pour le stère et le double stère, d'un mètre, et, pour le demi-décastère, d'un mètre 667 millimètres. Mais il est impossible d'exiger que les marchands donnent aux bûches la longueur constante d'un mètre. Le consommateur doit pouvoir, en tout temps, trouver, dans leurs magasins, des bois de toutes les dimensions, propres, sous ce rapport, à tous les besoins de l'industrie et de l'économie domestique. C'est pourquoi on peut donner aux montants des membrures une hauteur quelconque, sauf à arrêter l'empilement du bois à une élévation en double rapport avec la nature de la mesure et la longueur des bûches.

Cependant, dans les localités où tous les bois à brûler ont une longueur uniformément la même, on peut confectionner des membrures ayant des montants d'une hauteur déterminée. Ainsi, à Paris, où les bûches ont fixément $1^m,14$ de longueur, les montants pour le stère et le double stère ont $0^m,878$, et pour le demi-décastère $1^m,463$.

Pour trouver la hauteur de l'empilement dans le stère, le double stère et le demi-décastère, pour les pays où les bûches ont des longueurs indéterminées, il suffit de diviser 1, 2 ou 5 mètres cubes par le produit de la longueur des bûches multipliée par la longueur de la sole. Ainsi, dans une ville où les bûches ont, par exemple, $1^m,45$ de longueur, la hauteur de la pile dans le stère et le double stère sera de $\frac{1}{1\times 1,45}$ ou $\frac{2}{2\times 1,45} = 0^m,689$, et dans le demi-décastère, elle sera de $\frac{5}{3\times 1,45} = 1^m,149$.

TABLEAU de la hauteur que doivent avoir les montants du stère, du double stère et du demi-décastère, pour les diverses longueurs des bûches, depuis 1 mètre jusqu'à $1^m,40$.

LONGUEUR DES BUCHES.	HAUTEUR DES MONTANTS	
	DU STÈRE et du double stère.	DU demi-décastère.
m.	m. millim.	m. millim.
1, 00	1, 000	1, 667
1, 02	0, 981	1, 634
1, 04	0, 962	1, 603
1, 06	0, 944	1, 573
1, 08	0, 926	1, 544
1, 10	0, 910	1, 516
1, 12	0, 893	1, 489
1, 14	0, 878	1, 463
1, 16	0, 863	1, 437
1, 18	0, 848	1, 413
1, 20	0, 834	1, 389
1, 22	0, 820	1, 367
1, 24	0, 807	1, 345
1, 26	0, 794	1, 323
1, 28	0, 782	1, 303
1, 30	0, 770	1, 283
1, 32	0, 758	1, 263
1, 34	0, 747	1, 244
1, 36	0, 736	1, 226
1, 38	0, 725	1, 208
1, 40	0, 715	1, 191

La forme des membrures en bois, telle qu'elle est prescrite par les règlements, concerne plus particulièrement les instruments de ce genre dont on fait usage dans les chantiers ou magasins de bois à brûler établis dans les grandes villes. Mais rien ne s'oppose à ce que l'échantillon en soit diminué, lorsque les membrures doivent être transportées avec le bois même par les marchands ambulants, obligés de mesurer le bois en le livrant.

On pourrait aussi employer, sans inconvénient, de simples châssis, formés de deux montants, qui se placent par des tenons sur la sole, et dont l'écartement est maintenu par une traverse à mortaise par le haut. Ces châssis peuvent être d'une grande légèreté et faciles à transporter, puisqu'ils se démontent à volonté. On peut également construire des membrures portatives en fer.

Lorsque l'écartement des montants n'est pas maintenu par une traverse adaptée à la partie supérieure, il est nécessaire que la membrure, au moment d'être employée, se trouve dans une position parfaitement horizontale ; car un double stère, par exemple, que l'on placerait sur un terrain mal uni, ne mesurerait plus exactement deux mètres cubes. En effet, qu'on place ce double stère sur un terrain formant une éminence ou un petit monticule vers le milieu de la sole, il sera plus grand, parce que, les montants s'écartant par l'affaissement des extrémités, l'espace où se placent les bûches est plus grand et la mesure n'est plus exacte. Si, au contraire, la mesure était placée dans un endroit creux, les montants se rapprocheraient par l'affaissement du milieu de la sole, et la mesure serait plus petite que lorsqu'elle est placée sur un terrain uni ; elle contiendrait par conséquent moins de bûches.

Pour régler le plein d'une mesure, on se sert d'une règle bien dressée, qu'on applique contre les deux montants, aux points marqués de chaque côté pour la hauteur à donner à la pile; afin de faciliter cette opération, il conviendrait que les montants, à l'instar des mesures servant à déterminer la taille des jeunes gens, fussent latéralement divisés en mètres, centimètres et millimètres.

À Paris, on règle le plein d'une mesure au moyen d'une corde adaptée à la partie extérieure d'un des deux montants au moyen d'un crochet en fer; cette corde, passée sur le sommet de l'autre montant, est tendue par un poids d'un kilogramme au moins, qu'elle porte à son extrémité. Ce mode peut être suivi partout où, comme dans cette ville, la longueur constante des bois à brûler permet de donner une hauteur fixe aux montants des membrures.

2.— *Observations sur l'emploi des mesures servant au mesurage des bois à brûler.*

Le stère est, de toutes les mesures décimales, celle dont l'emploi a fait le moins de progrès depuis l'établissement du système métrique. L'usage de vendre à la *corde* s'est malheureusement conservé jusqu'à maintenant dans un grand nombre de localités. En voici le motif. L'ordonnance du 16 juin 1839, ainsi qu'on l'a vu, fixe la longueur des soles des membrures, et porte que la hauteur des montants variera, suivant la longueur des bois, de manière à toujours reproduire 1, 2 et 5 mètres cubes. Mais là se bornent les prescriptions de l'ordonnance; ce qui fait que l'acheteur, peu familiarisé avec l'évaluation des volumes, se trouve exposé à la fraude : le vendeur peu consciencieux, qui voudrait tirer profit de l'ignorance de son client, n'ayant effectivement qu'à employer une membrure destinée à des bois plus grands que ceux qu'il s'agit de mesurer. En présence de ce danger, qui ne s'est que trop souvent traduit en faits dans les premiers temps de notre grande réforme métrologique, les populations sont restées attachées ou sont revenues aux usages anciens, et, en dépit de l'action à la fois bienveillante et puissante de l'administration, elles continuent à montrer encore aujourd'hui la plus vive répugnance à adopter, dans leurs rapports commerciaux, l'usage du stère et de ses composés.

Mais cette fraude ne saurait se pratiquer à l'endroit de la personne entre les mains de laquelle se trouverait le tableau ci-dessus. En effet, vous vous présentez sur le chantier d'un marchand. Après avoir fait choix du bois qui vous convient, prenez avec un mètre la longueur des bûches, puis examinez la mesure qui vous est soumise. Voyez si c'est ou un demi-décastère (3 mètres entre les montants), ou un double stère (2 mètres), ou un stère (1 mètre). Déterminez ensuite, à l'aide du tableau dont il est question, quelle sera la hauteur de l'empilement du bois au-dessus de la sole. Si, par exemple, les bûches portent $1^m,32$ de longueur, cette hauteur sera, pour le stère et le double stère, de $0^m,758$, et, pour le demi-décastère, de $1^m,263$. Vous aurez, de la sorte, ou un stère, ou deux stères, ou cinq stères de bois, selon que vous vous serez servis d'une membrure représentant ou le stère, ou le double stère, ou le demi-décastère, et il ne vous restera plus qu'à payer à raison du prix par stère, dont il aura été préalablement convenu entre vous et le marchand.

Le procédé est simple, comme on le voit. Selon nous, il offre même à l'acheteur plus de sécurité que tout autre système de mesurage. Nous espérons donc qu'un jour ou l'autre, l'usage des mesures métriques de solidité deviendra aussi populaire que celui des autres mesures de la nomenclature légale. Un peu de bonne volonté et surtout un peu plus de bonne foi de la part des assujettis que cette question intéresse, et l'adoption d'une mesure administrative bien simple, suffiraient, à notre avis, pour amener ce résultat. Pour cela, il ne serait nullement nécessaire de modifier la législation actuelle sur ce point. Aux termes des règlements, les marchands de bois sont tenus, presque partout, d'avoir un minimum de mesures composé d'un stère, d'un double stère et d'un demi-décastère; la longueur de la sole entre les deux montants est fixée à 3 mètres pour le demi-décastère, à 2 mètres pour le double stère et à 1 mètre pour le stère; quant à la hauteur des montants des membrures de ces diverses mesures, elle est indéterminée. Mais, pour que l'acheteur pût, à l'occasion, s'assurer que l'empilement du bois, dans l'une comme dans l'autre de ces mesures, à la hauteur mathématiquement exacte, le marchand pourrait être astreint d'afficher dans ses magasins un tableau dressé dans la forme de celui que nous avons tracé plus haut. Ce tableau, s'appliquant des bois les plus courts aux bois les plus longs dont le marchand fait le commerce, serait vérifié et parafé par le vérificateur des poids et mesures, au besoin, par un des supérieurs de cet agent dans l'ordre administratif. De cette manière, on le comprend aisément, les erreurs, non plus que les fraudes, ne seraient plus guère possibles, puisque l'acheteur trouverait dans la pratique de ce tableau la sécurité que ses connaissances en arithmétique ne peuvent pas toujours lui procurer.

Dans le département de la Seine-Inférieure, un arrêté de préfecture contient : « Les membrures « du stère, du double stère et du demi-déca« stère doivent porter, sur l'un des montants, la « désignation de la longueur des bûches qu'ils sont « destinés à mesurer. » A la vérité, cette disposition est une garantie contre les infidélités; mais elle a l'inconvénient d'exiger, de la part du marchand, la possession d'autant de membrures du stère, du double stère et du demi-décastère, qu'il a de bois de longueurs différentes en magasin; tandis qu'à l'aide de notre tableau, un échantillon de chacune de ces mesures suffit dans tous les cas, pourvu que les montants aient une hauteur suffisante pour le mesurage des bois les plus courts.

Quant à l'usage de vendre le bois au tas ou à la voiture, sans garantie aucune de volume, on ne pourrait l'interdire, pas plus que celui de vendre une marchandise quelconque de cette manière. Cependant, le bon sens et la logique des choses devraient faire recourir les acheteurs à l'emploi de mesures et surtout de mesures légales, dans le mesurage des bois à brûler, aussi bien que dans la vente des autres denrées commerciales. En effet, lorsque l'apparence et le hasard règlent les traités, en l'absence de moyens plus exacts pour apprécier la grandeur de la matière qui en fait l'objet, l'acheteur est toujours à peu près sûr de ne pas recevoir la quantité réelle de marchandise dont il donne le prix : car il y a souvent gros à parier que le vendeur est bien mieux renseigné que l'acheteur sur la valeur de sa marchandise, que, bien certainement, il ne livre jamais pour un prix quelconque qu'autant qu'il y trouve son avantage. L'usage des mesures équilibre donc les garanties : il y va donc de l'intérêt de l'acheteur d'y recourir ; mais, dès l'instant qu'on emploie des mesures, il n'y a pas de raison pour repousser celles que la loi a établies, et sur l'exactitude desquelles l'administration veille avec autant de zèle que d'intelligence.

Pour obtenir en stères, sans membrure, le volume d'une quantité quelconque de bois à brûler, il faut empiler les bûches dans la forme d'un parallélipipède rectangle, puis multiplier la longueur de la bûche par la longueur de la pile, et le produit par la hauteur ; en d'autres termes, faire le produit des trois dimensions du tas. D'après cela, si la bûche a $1^m,32$ de longueur, la pile $15^m,12$ de longueur, et $6^m,18$ de hauteur, la solidité du tas sera de $1,32 \times 15,12 \times 6,18 = 123^{st},342912$.

Nous devons faire observer que, lorsqu'il s'agit de mesurer ainsi du bois, on doit construire autant de tas qu'il y a de bûches de longueurs différentes; mais il importe peu qu'un tas ait plus ou moins de longueur ou de hauteur : le produit des trois dimensions devant toujours, pour la même quantité de bois, donner nécessairement le même résultat, quel que soit le rapport qu'aient entre elles les dimensions du parallélipipède; chaque tas peut donc être établi suivant des dimensions prises au hasard, quant à sa longueur et à sa hauteur.

Dans les grandes villes, tant pour éviter les contestations qui pourraient s'élever entre l'acheteur et le vendeur sur la manière d'arranger les bûches dans la membrure, que pour garantir l'exactitude de la mesure sous le rapport de la hauteur de l'empilement, on recourt généralement à des mesureurs experts. Mieux vaudrait alors acheter le bois de chauffage au poids, et c'est ce que l'on fait déjà en beaucoup de chantiers. Malheureusement, l'intérêt du marchand est de tenir son bois humide, et même d'arroser pendant la nuit celui qui sera probablement vendu le jour suivant : genre de fraude que l'on n'a pas à craindre en mesurant le bois au stère, puisque le bois mouillé se tasse mieux que le bois sec.

3. — *Bois de construction.*

Le *décistère*, imaginé pour servir au mesurage des bois de charpente ou de construction, correspond à 10 mètres de chevron d'un décimètre d'équarrissage.

Cette unité de mesure n'ayant pas généralement prévalu, les calculs suivants seront effectués en *mètres cubes*; mais les résultats que ces calculs donneront seront, au besoin, facilement convertis en *décistères* : il suffira, pour cela, de reculer la virgule décimale d'un rang vers la droite. Ainsi, $9^{\text{m.}}$ carrés $645 = 96^{\text{décist.}} 45$.

Les bois de construction se distinguent en bois équarris et en bois en grume.

Les bois équarris sont ceux dont les dimensions d'équarrissage sont égales ou presque égales, comme 15 sur 15, 25 sur 26, etc.

Les bois en grume sont ceux qui, affectant la forme naturelle des troncs d'arbres, sont encore revêtus ou simplement dépouillés de leur écorce.

Pour mesurer une pièce de bois équarrie, il faut multiplier les deux dimensions d'équarrissage l'une par l'autre, et le produit par la longueur de la pièce. Ainsi, la solidité d'une pièce de bois de 31 centimètres sur 29 d'équarrissage, et de 9^m,70 de longueur, sera exprimée par $0,31 \times 0,29 \times 9,70 = 0^m$ cube,872030. En effet, le produit des deux premières dimensions donnant la surface du carré qui sert de base à la pièce, ce produit, multiplié par la longueur, doit exprimer la solidité de cette pièce.

Lorsque le bois est plus gros par un bout que par l'autre, ce qui est fort ordinaire, les dimensions d'équarrissage se prennent au milieu. Cette méthode n'est pas d'une exactitude rigoureuse ; mais l'usage s'en est introduit pour simplifier les calculs, et les règlements l'autorisent. Lorsqu'il y a impossibilité de mesurer par le milieu, on mesure par les deux bouts, puis on additionne les dimensions correspondantes, et l'on prend la moitié des résultats pour dimensions moyennes.

Il se présente plusieurs cas dans le mesurage des bois en grume.

Si l'arbre en grume est abattu, on en prend le diamètre sans y comprendre l'écorce ; on multiplie ce diamètre par lui-même : la moitié du produit exprime la surface du carré servant de base à la pièce, et cette surface, multipliée par la longueur de l'arbre, donne la solidité demandée. L'octroi de Paris, lorsqu'il évalue les bois en grume par le diamètre, agit conformément à une règle qui, revenant d'ailleurs à celle que nous donnons, présente un peu plus de facilité dans la pratique. Il faut, dit le règlement, multiplier le diamètre par sa moitié et le produit par la longueur de l'arbre. Ainsi, soit un arbre de 5^m,50 de longueur qu'on se propose d'équarrir régulièrement, et qui mesure 0^m,95 de diamètre en queue. D'après ce qui vient d'être dit, la solidité de la pièce équarrie sera 0,95 × 0,475 × 5,50 = 2^m cubes,481875.

Cette méthode donne directement la surface du carré sans donner les dimensions d'équarrissage, mais il est facile de les obtenir; il suffit, pour cela, de tracer sur le bout de l'arbre deux diamètres se coupant à angles droits; les lignes qui joindront leurs extrémités formeront le carré, et la mesure de l'une d'elles exprimera le côté d'équarrissage. Comme l'équarrissage ne se compte qu'en centimètres, en abandonnant les fractions excédantes, et que dès lors on n'a pas besoin d'une exactitude mathématique, on peut presque toujours recourir à cette méthode.

Lorsque la pièce devra être équarrie régulièrement, on opérera sur le petit bout; mais quand elle devra être équarrie suivant les carrés tracés dans les deux cercles des extrémités, on opérera sur les deux bouts, en prenant, comme il est dit plus haut, la moyenne des dimensions correspondantes.

Si l'arbre est écorcé, on en connaît assez exactement le côté d'équarrissage en déduisant le dixième de la circonférence, mesurée au milieu, et en prenant le quart du reste. D'après cela, un arbre écorcé mesurant 3^m,60 de circonférence, fournirait une poutre de $\frac{3,60 - 0,36}{4}$ = 0^m,81 d'équarrissage.

Cette méthode est celle de l'octroi de Paris.

On applique à la réduction du bois en grume non écorcé plusieurs méthodes, dont la plus usitée et la plus exacte consiste à déduire le sixième de la circonférence et à prendre le quart du reste. Suivant cette méthode, on trouve qu'un arbre en grume non écorcé, de 3^m,60 de circonférence, aurait $\frac{3,60 - 0,60}{4}$ = 0^m,75 d'équarrissage.

Cette méthode, de même que toutes celles que les auteurs ont proposées dans le même genre, n'est qu'approximative : car l'âge, l'espèce et la grosseur des arbres faisant varier à l'infini la proportion qui existe entre l'épaisseur de l'écorce et le diamètre du bois qu'elle enveloppe, la circonférence de l'arbre non écorcé ne pourra jamais faire connaître avec précision celle de l'arbre écorcé.

L'opération du cubage des bois de construction présente un dernier cas ; c'est celui où, suivant les conventions établies, assez rares du reste entre négociants, une pièce de bois doit être cubée sur sa rondeur, c'est-à-dire en comprenant, dans sa solidité, la perte même que doit occassionner l'équarrissage. Les pièces de bois dont on veut ainsi calculer le cube étant abattues et détachées de leur cime par un trait de scie, il faut multiplier la surface du cercle moyen, considéré comme base, par la longueur. Cette surface s'obtient en multipliant la circonférence moyenne par le quart du diamètre de cette circonférence moyenne. On démontre, en géométrie, que la circonférence d'un cercle étant connue, on en obtient le diamètre en divisant cette circonférence par 3,1416. D'où il suit que si la circonférence moyenne d'une pièce de bois écorcée est de $1^m,882$, le diamètre moyen sera exprimé par le nombre $\frac{1,882}{3,1416} = 0^m,594$, par le quart duquel on multipliera la circonférence moyenne, ce qui donnera $1,882 \times 0,1485 = 0^{m\,\text{carré}},279477$ pour surface du cercle moyen. Si maintenant la pièce de bois porte $15^m,35$ de longueur, le produit $0,279477 \times 15,35 = 3^{m\,\text{carrés}},288997$, exprimera la solidité de la pièce dont il s'agit.

Lorsqu'on a à mesurer une pièce de bois ronde qui ne présente pas une grosseur régulière sur toute sa longueur, il faut la supposer décomposée en plusieurs sections limitées par les brisures de la surface latérale; prendre par le milieu la circonférence de chaque section, puis déduire une circonférence moyenne, sur laquelle on établira le calcul nécessaire à la détermination du volume de la pièce.

Ce procédé peut être également mis en usage pour le cubage des bois équarris.

Quand on a plusieurs pièces équarries à cuber, on peut mesurer la longueur, la largeur et l'épaisseur de chacune d'elles et additionner : 1° les longueurs ; 2° les largeurs ; 3° les épaisseurs ; le produit des trois totaux donne ensuite le cube des pièces de bois réunies. Ce procédé, beaucoup plus expéditif, conduit au même résultat que si l'on faisait séparément les cubes de chaque pièce de bois.

XXX.

Mesurer les matières sèches.

1. — *Pratique du mesurage.*

Les grains et autres matières sèches, quand on ne les pèse pas, se mesurent, on le sait, soit avec des mesures en bois, soit avec des mesures en cuivre ou en tôle. La manière de procéder, la même dans l'usage de ces trois sortes de mesures, exige une certaine attention. Le mesurage des choses sèches laissant effectivement de l'arbitraire, il était nécessaire de prévenir, par des règlements, les contestations qui pourraient s'élever à ce sujet entre vendeurs et acheteurs.

Ainsi, le même vase admettra des quantités inégales de la même graine, suivant la manière d'opérer le mesurage. Les vendeurs cherchent à faire entrer le moins de graines possible dans une mesure donnée, et les acheteurs à en faire entrer le plus possible ; et ces deux résultats s'obtiennent à volonté, par des coups de main qui composent un art véritable dans le commerce des grains.

Voici comment procèdent les vérificateurs des

poids et mesures, conformément aux usages et aux règlements sur la matière.

La graine est mise dans une trémie, la mesure est placée un peu au-dessous. Au moment où l'on ouvre la trémie, la graine s'échappe et vient remplir la mesure jusqu'au comble. La graine s'arrangeant d'elle-même, se tasse d'une certaine manière; mais on n'aide pas à ce tassement en secouant le vase: on se borne à passer la rafle sur les bords de la mesure, qui alors contient sa quantité légale de grains.

Si une difficulté s'élevait sur le mesurage, entre le vendeur et l'acheteur, ceux-ci pourraient recourir à un mesureur expert, et l'une des deux parties pourrait exiger, en outre, que le mesurage se fît de la manière indiquée pour la vérification des mesures, ou du moins qu'on procédât de telle manière que le résultat fût le même.

Dans les halles, sur les marchés, pour plus de commodité, on place ordinairement les grains à mesurer dans de grandes cuves.

Alors, saisissant d'une main par le haut et de l'autre par le rebord du fond, la mesure, dont il tient l'orifice dirigé vers le bas, le mesureur la plonge obliquement dans la masse de grains, de manière à y en faire pénétrer le plus possible; la relevant ensuite, il la place sur son fond sur la masse de grains même, et achève de la remplir en y jetant le grain par jointées. Il passe enfin une radoire ou règle en bois sur les bords de la mesure, pour que la graine la remplisse exactement et pour faire tomber ce qui est de trop, de manière que la mesure soit pleine exactement et à ras du bord.

La radoire doit être passée légèrement, afin d'éviter de fouler la graine; en conséquence, il faut commencer par la poser sur le bord de la mesure, conduire ensuite la graine de manière qu'elle remplisse parfaitement tous les vides qui restent, surtout vers les bords, après quoi faire tomber le surplus dans la cuve. Il est bon de remarquer qu'il ne faut pas mettre d'intervalle après le remplissage de la mesure pour y passer la radoire, parce que le grain se tasse peu à peu, et que, si l'on tardait trop, une mesure exactement pleine ne paraîtrait plus l'être l'instant d'après.

La radoire est souvent remplacée par un petit rouleau ou cylindre, d'environ cinq centimètres de diamètre. Ce cylindre, de même que la radoire, s'use assez vite aux extrémités par l'effet du frottement sur les bords de la mesure. Il faut alors le faire redresser, car le mesurage ne serait plus exact, et cela au préjudice de l'acheteur, attendu que, par son renflement au milieu, cet appareil, lors de son application, pénètrerait dans le corps de la mesure, qui, dans la circonstance, ne se trouveverait plus exactement remplie après avoir été radée.

2. — *Principes spéciaux.*

Les mesures de capacité pour les matières sèches dont la fabrication est autorisée par les lois et règlements en vigueur, ne peuvent guère être autrement faussées que par le déplacement du fond ; mais le tableau n° 2 annexé à l'ordonnance du 16 juin 1839, porte que les mesures dont il s'agit devront être construites dans la forme cylindrique, et avoir intérieurement le diamètre égal à la hauteur. Il résulte de cette disposition que tout intéressé peut s'assurer, même à l'aide d'un simple bâton, que la capacité n'a point été altérée, parce que la longueur du diamètre, peu susceptible de diminution, servira de garantie à la hauteur.

Si l'on soupçonnait que le diamètre lui-même n'eût pas la dimension requise, ce qui pourrait induire dans une erreur grave, la table suivante offre un moyen facile de vérification.

*Dimensions, en millimètres, affectées aux mesures
de capacité pour les matières sèches.*

NOMS DES MESURES.	DIAMÈTRE et hauteur INTÉRIEUREMENT.
Double hectolitre............	634,0
Hectolitre............	503,1
Demi-hectolitre............	399,3
Double décalitre............	294,2
Décalitre............	233,5
Demi-décalitre............	185,3
Double litre............	136,6
Litre............	108,4
Demi-litre............	86,0
Double décilitre............	63,4
Décilitre............	50,3
Demi-décilitre............	39,9

Pour les mesures qui sont garnies intérieurement
de potences ou autres corps saillants, la hauteur est
augmentée proportionnellement au volume de ces
objets.

On vend à la mesure *rase* tous les grains et autres denrées susceptibles d'être ainsi mesurées.
Il est d'autres matières qu'on ne peut mesurer autrement que *comble*, comme les fruits, les plantes
racines, les charbons, etc. Le *comble* consiste,
comme on le sait, dans tout ce qui peut tenir naturellement au-dessus d'une mesure déjà pleine à ras
de bord.

Pour mesurer le son, on a l'habitude de le tasser

avec la main; mais la mesure se rade. Quelques légumes de grandes dimensions se mesurent non seulement comble, mais demandent encore à être rangés d'une certaine façon dans la mesure, surtout quand celle-ci n'est pas très-grande.

La vente des grains en gros se doit faire en hectolitres; on mesure les grains, sur les grands marchés, avec le demi-hectolitre, mais on compte toujours en hectolitres. Sur les petits marchés, le mesurage des grains se fait avec le double décalitre, mais on compte ou par hectolitre ou par décalitre. Le cours du prix des grains se cote en hectolitres.

La houille se mesure au demi-hectolitre, mais on compte pareillement en hectolitres. L'hectolitre est la mesure effective et de compte pour le charbon de bois et la chaux. Dans les grands entrepôts, on fait fréquemment usage du double hectolitre pour le mesurage du charbon de bois, mais l'hectolitre n'en est pas moins toujours la mesure de compte.

Il n'est pas régulier de vendre les grains au sac contenant telle ou telle quantité. Quant aux grains vendus au poids, on ne doit pas en évaluer le prix autrement qu'au quintal métrique.

3. — *Rapport du prix de l'hectolitre de grains au prix du quintal métrique.*

L'habitude de vendre les grains au poids semble s'établir dans le haut commerce. Cet usage s'étendra bien certainement à tout le commerce des grains en général, en raison non seulement de ce qu'il a pour base le poids du grain, qui émane de sa qualité, base effectivement la plus légale, mais encore de ce qu'il ne comporte pas les manœuvres frauduleuses que le mesurage des grains favorise, et cela par des causes que nous signalerons dans le chapitre suivant.

Pour familiariser complètement les acheteurs et

les vendeurs avec cet usage, nous allons indiquer le moyen de passer du prix du *quintal métrique* d'un grain quelconque au prix du *double décalitre* du même grain. Nous fonderons notre calcul sur le prix du double décalitre, afin de donner le plus de simplicité à notre méthode. D'ailleurs, le poids d'un double décalitre de graine, poids dont la connaissance est nécessaire à la solution des questions de ce genre, s'obtiendra partout assez facilement, attendu que le double décalitre est la mesure effective la plus généralement en usage, et que son contenu de graine peut aisément se peser en une seule fois au moyen d'une balance de comptoir ordinaire, dont toute boutique est ordinairement pourvue.

Pour trouver le prix de revient du double décalitre de grain d'une espèce quelconque, connaissant celui du quintal métrique de la même espèce de grain, il faut déterminer le poids du double décalitre de l'espèce de grain dont il s'agit, multiplier le prix du quintal par ce poids; enfin, diviser le produit obtenu par 100. Le quotient exprime alors le prix du double décalitre.

Soit 20 francs le prix du quintal et 15 kilogrammes le poids du double décalitre. Or, si 100 kilogrammes coûtent 20 francs, 1 kilogramme coûtera 100 fois moins ou $\frac{20}{100}$, et 15 kilogrammes coûteront 15 fois plus, c'est-à-dire $\frac{20 \times 15}{100} = 3$ francs: tel est le prix du double décalitre.

Soit 19 f, 50 le prix du quintal et 15 kilog, 30 le poids du double décalitre. Suivant le même raisonnement, on trouve pour prix du double décalitre $\frac{19,50 \times 15,30}{100} = 2$ f, 98.

Connaissant, au contraire, le prix et le poids du double décalitre, on obtient le prix du quintal en multipliant le prix par 100 et en divisant le produit par le poids.

Ainsi, si un double décalitre pesant 16 kilogrammes coûte 3^{f}52, le prix du quintal sera $\frac{3.52 \times 100}{16} =$ 22 francs, ce qui résulte d'un raisonnement analogue au précédent.

Si un double décalitre de grain pesant 12^{kilog},50 coûte 2^f,80, le prix du quintal sera $\frac{2.80 \times 100}{12.50} = 22^f,40$.

4. — *Mesurage des graines de diverses formes et grosseurs.*

Une graine ne remplit qu'une portion de la capacité du vase dans lequel on la mesure, et lorsqu'une graine change de grosseur, la partie laissée vide dans la mesure reste la même, si cette graine conserve la même forme.

Prenons pour exemple du millet et des pois. Les grains de ces deux matières ont la même forme, mais ils sont de grosseurs différentes. Eh bien ! si nous prenons séparément un litre de pois et un litre de millet, nous verrons qu'on peut introduire autant d'eau dans le premier que dans le second. L'espace inoccupé est donc le même dans l'un et l'autre vase ; il est, dans le cas particulier, d'environ 25 centilitres.

Le même phénomène se remarque sur les grains allongés, comme des grains de blé, par exemple, c'est-à-dire que des grains de cette forme occupent des portions précisément égales dans un même vase, en laissant une égale portion vide, quelle que soit la grosseur de ces grains. Ce qui fait que, sous le rapport de la quantité ou du volume, un décalitre d'une matière à gros grains ne vaut ni plus ni moins qu'un décalitre de la même matière à petits grains.

Mais les graines allongées laissent moins d'espaces vides dans la mesure qui les contient que les graines parfaitement rondes. On trouve effectivement, par expérience, qu'on ne peut guère introduire plus de 22 centilitres d'eau dans un litre de blé.

Dès lors, toutes choses égales, on doit préférer une graine allongée à une graine ronde. Ainsi, entre des pommes de terre de forme allongée et d'autres pommes de terre rondes comme des boules, il y aura un avantage très-marqué à choisir les premières préférablement aux secondes, sous le rapport du volume, et, par suite, de la nutrition, si la qualité est, d'ailleurs, la même pour l'une et l'autre espèce.

L'expérience démontre encore que si l'on mélange un décalitre de millet et un décalitre de pois, mesurés séparément, le mélange occupera moins de deux décalitres, parce que les petits grains de millet se logeront entre les gros grains de pois. C'est ainsi qu'un litre de pois et un litre de millet mesurés séparément, ne font plus, mélangés, que 1 litre 7 décilitres. Le consommateur gagne donc à acheter un mélange de graines de différentes grosseurs, et, réciproquement, le vendeur perd à mesurer le mélange, au lieu de mesurer les deux espèces séparées.

Près des parois des vases, les graines prennent un certain arrangement d'après lequel il résulte une nouvelle perte de place. Ainsi, deux demi-litres de graine mesurés à l'aide du demi-litre, font un volume un peu moindre qu'un litre de cette graine mesurée d'un seul coup dans le litre. La raison en est que la paroi du litre occasionne moins de vides que celle de deux demi-litres, la surface intérieure du litre étant moins grande que les surfaces réunies des deux demi-litres. Ainsi on trouve, par expérience, que sur 10 litres de millet mesurés dans le litre, on a 5 décilitres de moins que si on les mesurait d'un seul coup dans le décalitre.

La perte dont il s'agit est d'autant plus grande que la graine est plus grosse. L'expérience prouve, en effet, qu'en mesurant des pois, les parois produisent une perte de 75 centilitres en prenant 10 fois le litre au lieu du décalitre.

Remarquons encore que la différence est d'autant plus sensible que la différence entre la capacité des deux mesures sur lesquelles on expérimente, est plus grande.

En effet, après avoir, par exemple, mesuré un hectolitre de millet en une seule fois avec l'*hectolitre*, si l'on vient à le mesurer par détail au moyen du *décalitre*, on trouvera *en apparence* 2 litres 50 centilitres de trop, et si on le mesure à l'aide du *litre*, on trouvera 5 litres.

Avec des pois, la première erreur serait de 3 litres 75 centilitres; la seconde, de 7 litres 50 centilitres.

De là il résulte qu'un marchand qui vend au *litre*, de la graine qu'il a achetée au *décalitre*, gagne même en la vendant au même prix; s'il achète à l'*hectolitre* et qu'il vende au *litre*, le gain sera encore augmenté.

En comparant le mesurage par *tassement* au mesurage par *projection*, nous avons trouvé que pour les grains sphériques, comme les pois et le millet, le tassement est de 7 centilitres par litre, c'est-à-dire que 10 litres 70 centilitres non tassés ne valent que 10 litres tassés.

Les conséquences de tout ceci sont :

1° Que le consommateur doit toujours faire mesurer le grain acheté avec la mesure effective du marchand dont la capacité se rapproche le plus du volume demandé. Nous avons déjà énoncé ce principe dans un précédent chapitre. Sans parler du tassement, qui, sans doute, est relativement plus sensible dans les grandes mesures que dans les petites, on voit, par ce qui précède, qu'il y a tout profit pour l'acheteur à laisser détailler le moins possible la quantité de grains que le vendeur a à lui livrer.

2º Que les mesures pour les graines ne doivent pas s'accorder avec les mesures analogues pour les liquides, quand on se sert des unes et des autres pour le mesurage des graines. Ces dernières mesures font perdre un peu plus que les premières. D'où il suit que les mesures de capacité affectées au service des liquides ne peuvent être employées au mesurage des grains. Ce principe a déjà aussi été précédemment énoncé.

3º Qu'il faut autant que possible acheter les graines au poids, le pesage des choses sèches ne permettant pas au vendeur de pratiquer les manœuvres déloyales favorisées dans le mesurage, à raison des faits que nous venons d'exposer.

XXXI.

Mesurer un liquide.

1. — Pratique du mesurage.

Pour déterminer le volume d'un liquide donné, il suffit, il n'importe comment, de remplir la mesure du liquide à mesurer, jusqu'à ce que la surface de ce liquide coïncide parfaitement avec les bords de la mesure.

La quantité ainsi mesurée est mise à part ; puis on procède, s'il y a lieu, au mesurage du liquide qui n'a pu trouver place dans la mesure employée, en faisant usage, pour cela, d'une mesure plus petite, si la capacité de celle qui a déjà servi est trop grande.

La nouvelle quantité ainsi mesurée étant réunie à la précédente, on procède ensuite au mesurage du reste, en employant pareillement une mesure d'une moindre capacité, si la contenance de celle dont on s'est servi en dernier lieu excède le volume du liquide restant à mesurer.

Ainsi de suite, jusqu'à ce qu'on ait épuisé tout

le liquide donné; et la capacité totale des mesures dont on a fait usage, exprime la quantité totale de ce liquide. Si, pour mesurer un liquide, on a successivement rempli, par exemple : 1.º le demi-décalitre ; 2.º deux fois le double litre ; 3.º le demi-litre ; 4.º le centilitre, le volume de ce liquide sera de 9^l,51.

Il semble que des liquides occupent toute la capacité des vases dans lesquels on les mesure. Cependant il n'en est rien, car, 1.º si les atomes du liquide sont supposés sphériques et en contact, l'espace qui demeure vide est encore le quart, comme pour les graines de forme sphérique ; 2.º l'espace inoccupé près des parois est non-seulement plus grand qu'ailleurs, mais il peut encore être augmenté, comme l'expérience le prouve, par des bulles d'air adhérentes à la surface intérieure de la mesure.

D'un autre côté, un liquide contenu dans un vase qu'il mouille et qu'il ne remplit pas entièrement, se relève tout autour de la paroi jusqu'à une petite hauteur ; en sorte que la surface du liquide est concave jusqu'à une certaine distance de la paroi. Mais quand on ajoute du liquide, de manière à remplir le vase, la surface liquide devient à peu près plane. Enfin, si l'on ajoute une quantité surabondante de liquide, celui-ci présente hors du vase une surface convexe.

Les conséquences de ce qui précède sont : 1.º qu'en mesurant un liquide, il faut le détailler le moins possible, afin de ne pas augmenter les pertes occasionnées par les parois ; 2.º qu'il faut le verser lentement dans la mesure, afin de permettre à l'air que celle-ci renferme de s'échapper entièrement ; 3.º enfin, qu'il faut, en mettant l'œil à la hauteur des bords du vase, cesser de verser le liquide au moment où la surface de ce dernier s'aligne avec les bords.

Mais, quand on voudra procéder rigoureusement

au mesurage d'un liquide donné, on en remplira la mesure jusqu'à ce qu'il s'élève un peu au-dessus du bord; on passera ensuite une plume pour détacher l'air adhérent aux parois intérieures; après quoi on fera mouvoir sur la mesure un disque de glace, et on enlèvera avec une éponge tout le liquide surabondant que l'application du disque aurait fait refluer. On versera le contenu de la mesure dans le vase destiné à le recevoir, puis on recueillera avec l'éponge, préalablement purgée, le liquide qui sera resté attaché soit au disque, soit aux parois intérieures de la mesure, et on l'exprimera encore dans le vase où le contenu de la mesure a déjà été déposé.

Pour mesurer la capacité d'un vase, on y verse, à plusieurs reprises, la quantité de liquide contenue dans une mesure légale, jusqu'à ce que le vase soit plein.

On juge plus facilement de la capacité d'un vase en le remplissant d'abord d'un liquide quelconque, et en procédant ensuite comme il a été dit au commencement de ce chapitre.

La capacité d'un vase se détermine encore par le poids de la quantité d'eau nécessaire pour le remplir. Au moyen d'eau distillée, ce mode est très-exact; mais on n'y recourt que dans les opérations scientifiques. L'emploi de l'eau naturelle suffit au degré d'appréciation nécessaire dans les opérations commerciales ordinaires. Ainsi, si un fût, exactement plein, renferme, par exemple, 2475 kilogrammes d'eau, on peut, sans erreur bien sensible, en évaluer la capacité à 2475 litres. Le moyen ordinaire d'évaluer le poids du volume du liquide contenu dans un récipient ou vase quelconque, consiste à peser d'abord le vase seul, puis à le peser de nouveau après l'avoir rempli de liquide, et la différence entre les deux pesées donne le poids du liquide.

Il n'est pas sans utilité de connaître ce mode

de détermination du poids des liquides, car il y a des liquides que l'on vend au poids plutôt qu'à la mesure; le mercure est dans ce cas, ainsi que certaines huiles et certains acides. La raison en est qu'il y aurait risque de perdre ces liquides en les transvasant, ou de les altérer en les versant dans certains vases, qui seraient gâtés eux-mêmes.

Les lois en vigueur interdisent l'usage de mesurer la capacité des tonneaux au moyen d'un instrument appelé *jauge*. Le seul mode légal est celui que nous avons décrit plus haut, et qui consiste à verser la quantité du liquide contenu dans la futaille, dans une mesure d'une contenance déterminée, ou réciproquement. Dans le service des contributions indirectes, l'on a donné à cette opération les noms d'*empotement* et de *dépotement*.

Le *litre* et l'*hectolitre* seuls servent d'unités dans l'évaluation du prix des liquides, c'est-à-dire que la valeur de ceux-ci ne s'estime qu'à *tant* le litre ou *tant* l'hectolitre. Dans le haut commerce, on compte par *hectolitre*; mais dans le commerce de détail on compte par *litres*.

Lorsqu'on choisit l'hectolitre pour unité principale, il convient d'avoir l'attention, dans l'énonciation d'un nombre exprimant une quantité quelconque de graine ou de liquide, de ne prononcer qu'*un seul nom*. Ainsi, il vaut mieux dire, par exemple, 25 hectolitres 52 centièmes, que 25 hectolitres 5 décalitres 2 litres, ou que 25 hectolitres 52 litres; les gens habiles disent simplement 25 hectolitres 52.

Lorsque le litre lui-même est l'unité que l'on considère, les quantités plus petites s'énoncent en centilitres. Ainsi on énonce, par exemple, 42 litres 20 centilitres; mais on peut lire aussi 42 litres 20.

2. — *Applications diverses.*

Les mesures de capacité pour les liquides se distinguent en *petites mesures* et en *grandes mesures*.

Les mesures en étain du *double litre* au *centilitre* sont ce qu'on appelle les *petites mesures*. Elles sont destinées à la vente en détail des liquides, et conviennent particulièrement aux épiciers, aux cabaretiers, aux aubergistes, aux cafetiers et à tous autres débitants de vins et liqueurs.

Les mesures en étain sont peu susceptibles d'altérations secrètes, mais elles se déforment facilement; le moindre choc suffisant pour en altérer la contenance, on doit veiller avec les plus grands soins à leur conservation.

L'étain ne peut être employé pur à la fabrication des mesures, parce qu'il est trop cassant; il est indispensable d'y ajouter du plomb; mais en augmentant la ductilité de l'étain, le plomb en altère la pureté, le rend plus pesant, et, ce qui est un inconvénient plus grave, lorsqu'il s'y trouve en trop grande quantité, il peut être nuisible à l'économie animale.

Il fallait donc trouver le point juste où le plomb peut être allié à l'étain, pour faire des mesures dont l'usage ne soit pas nuisible à la santé.

Des expériences faites avec soin, par l'ordre du gouvernement, ont fait connaître que l'on peut sans danger allier jusqu'à dix-huit parties de plomb avec quatre-vingt deux parties d'étain. D'après cela, le titre de l'étain, pour la fabrication des mesures, a été fixé à 83 centièmes 5 millièmes, avec une tolérance de 1 centième 5 millièmes. Ainsi, le métal dont les mesures peuvent être fabriquées, ne doit pas contenir moins de 82 centièmes d'étain pur, ou, ce qui revient au même, le plomb ne peut pas y être allié à l'étain dans une proportion plus grande que de 18 centièmes du poids total de la masse.

Lors de la vérification, les mesures où le plomb est dans une proportion plus forte, sont brisées sur-le-champ par le vérificateur. Il en est de même des mesures dont l'épaisseur n'est pas suffisante.

Les mesures d'étain devant être de forme cylindrique et avoir la hauteur double du diamètre, il s'en suit que, connaissant une de ces deux dimensions, on peut, par le plus simple calcul, déterminer l'autre.

Dimensions en millimètres affectées aux mesures d'étain.

NOMS DES MESURES.	DIAMÈTRE INTÉRIEUR.	HAUTEUR INTÉRIEURE.
Double litre............	108,4	216,7
Litre............	86,0	172,0
Demi-litre	68,3	136,6
Double décilitre	50,3	100,6
Décilitre............	39,9	79,9
Demi-décilitre............	31,7	63,4
Double centilitre............	23,4	46,7
Centilitre............	18,5	37,1

Conformément au décret du 5 novembre 1852 et aux décisions ministérielles des 7 novembre 1852 et 25 mai 1856, on peut construire des mesures en fer-blanc depuis le *centilitre* jusqu'au *double litre*. Ces mesures, particulièrement destinées au service des huiles et de l'alcool, doivent être semblables aux mesures en étain, quant à la forme et aux dimensions.

Les *grandes mesures*, comprenant le demi-décalitre, le décalitre, le double décalitre, le demi-hectolitre et l'hectolitre, ne sont exigées que des marchands de liquides en gros; encore l'*hectolitre* et le *demi-hectolitre* ne sont-ils pas généralement partie du minimum obligatoire, attendu la difficulté et le préjudice qui résulteraient de l'usage journalier de ces grandes mesures, qui pèseraient, pleines de liquides, l'une plus de 100 et l'autre plus de 50 kilogrammes. C'est sans doute aussi par ce motif que l'ordonnance du 18 décembre 1825 ne les a pas classées parmi les instruments momentanément indiqués au tarif.

Toutefois, si, par exception, il était d'usage dans quelques départements de se servir de ces grandes mesures, les fabricants ne devraient pas ignorer qu'il n'est pas permis de placer à leur intérieur une *échelle*, dont les divisions indiquent l'élévation à laquelle doit atteindre le niveau du liquide pour donner 1 litre, 2 litres, 3 litres, etc., ces quantités ne devant pas se mesurer autrement qu'avec les mesures du litre au double décalitre, dont tout marchand en gros doit être expressément pourvu.

Suivant une décision ministérielle du 19 novembre 1856, le droit fixe pour vérification des mesures de même contenance destinées aux matières sèches, est applicable à l'hectolitre et au demi-hectolitre destinés aux liquides.

Les mesures de capacité pour les liquides de la série du demi-décalitre à l'hectolitre, se font, comme on l'a vu ci-dessus, en *cuivre*, *fer-blanc* ou en *fonte*. Leurs dimensions sont les mêmes que celles des mesures correspondantes pour les matières sèches, au mesurage desquelles rien n'empêche d'ailleurs de les employer.

Ces mesures de la série du *demi-décalitre* à l'*hectolitre*, peuvent aussi être construites en *fer-blanc*, dans la même forme et les mêmes dimensions; mais ainsi établies, elles ne peuvent, suivant le décret du 5 novembre 1852, servir qu'au mesurage des liquides et notamment des huiles et des eaux-de-vie.

Les mesures représentant le poids de l'huile sont supprimées. Par conséquent, dans les localités où l'usage est d'acheter l'huile au poids, il faut toujours la faire peser, car les mesures autorisées aujourd'hui pour la vente de l'huile en détail, représentent le volume et non le poids, c'est-à-dire un litre, un demi-litre, un double décilitre, etc., et non un kilogramme, un demi-kilogramme, un double hectogramme, etc.

Il y a peu de différence, quant au volume, entre un *litre* et un *kilogramme* d'eau ; mais l'huile pesant moins que l'eau, il s'en suit que, si l'acheteur demande un kilogramme d'huile que le vendeur se borne à mesurer avec le litre, la quantité réelle d'huile n'est pas livrée : il y a tromperie de la part du marchand.

On trouve par expérience qu'un litre d'huile ne pèse qu'environ 915 grammes ; ainsi, l'acheteur qui demande un kilogramme d'huile est frustré de 85 grammes, si le vendeur sert l'huile à l'aide du litre. Ce *vol à l'huile* augmente encore en été, alors que la chaleur a dilaté l'huile et l'a rendue plus légère. Comme la vente de l'huile au poids est moins expéditive que la vente à la mesure, quelques marchands, pour ne pas peser, mais pour ne pas voler non plus leurs clients, livrent *un litre un décilitre* d'huile pour un *kilogramme* demandé. Cette mesure est raisonnable.

Les petites mesures en fer-blanc, depuis le centilitre jusqu'au double litre, dont la fabrication a été autorisée par le décret du 5 novembre 1852, peuvent être employées, dans le commerce de détail, concurremment avec les mesures de même matière dont il est question au chapitre 23, article 4ᵉʳ. Ces dernières mesures, comme les mesures pour le lait, doivent être dans la forme cylindrique, forme exclusive des mesures de capacité en général, et avoir intérieurement la hauteur égale au diamètre.

*Dimensions en millimètres affectées aux mesures
pour l'huile et pour le lait.*

NOMS DES MESURES	HAUTEUR ET DIAMÈTRE INTÉRIEUREMENT.
Double litre............................	136,6
Litre....................................	108,4
Demi-litre..............................	80,0
Double décilitre.......................	63,4
Décilitre...............................	50,3
Demi-décilitre.........................	39,9
Double centilitre......................	29,5
Centilitre..............................	23,4

3. — Contenance des fûts et des bouteilles.

La loi de 1837 ne doit pas être appliquée à certains appareils, tels que pièces, feuillettes, barils, etc., dont la capacité est déterminée par les usages locaux, bien que la demande en ait été faite à la chambre des pairs par M. Morogues, qui s'exprimait ainsi :

« Il faut atteindre à la source des abus pour les arrêter, c'est à l'origine même de la production et à celle de la fabrication qu'il faut remonter en appliquant la loi, pour en obtenir un résultat général et utile. Tant qu'il sera permis de fabriquer, pour débiter nos vins, nos bières, nos huiles, nos eaux-de-vie, des barils qui ne seront nullement en rapport exact de capacité avec des mesures métriques, on ne pourra comparer qu'avec beaucoup de peine

la valeur de ces liquides dans deux localités différentes, de sorte que le but du système métrique sera
manqué. »

En conséquence, il avait proposé un amendement
tendant à rendre obligatoire l'application du système métrique « aux dénominations et poids des
contenants préparés ou fabriqués pour être vendus
avec les marchandises renfermées. » Mais cette
proposition, qui n'a pas été appuyée, a été rejetée
sans discussion.

Il faut en conclure que les usages du commerce,
à cet égard, doivent continuer à être respectés. Du
reste, on peut dire que, lorsqu'on vend une feuil-
lette ou une pièce de vin, un baril d'huile, etc , il
n'y a pas vente au *poids* ou à la *mesure*, mais vente
en *bloc* d'un certain corps dont les dimensions et
la contenance sont réputées connues du vendeur et
de l'acheteur. Telle est aussi l'opinion de MM. Du-
vergier et Dalloz sur la loi du 4 juillet 1837. L'article 32 de l'ordonnance du 17 avril 1839 est, au
reste, conforme à cette solution.

Ainsi encore, la vente du vin à la bouteille d'une
capacité qui n'est ni le litre ni le demi-litre, est
ostensiblement pratiquée dans le commerce et même
consacrée par la régie.

Du reste, l'autorité municipale a le droit, conformément à l'article 32 précité, d'imposer aux débitants l'obligation d'employer des mesures légales,
ou au moins de procéder à l'aide de celles-ci, en
présence du consommateur, au mesurage du liquide
demandé, avant de le servir.

Mais de ce que le même article 32 porte que « les
vases ou futailles servant de récipient aux boissons,
liquides ou autres matières, ne seront pas réputés
mesures de capacité ou de pesanteur, » il suit que
les bouteilles portant l'indication d'une contenance
décimale ne sont pas des mesures légales comme
on le pense généralement, et ne peuvent, dans le
mesurage des liquides, être substituées aux mesures

décrites dans le tableau n° 3 annexé à l'ordonnance du 16 juin 1839. Ensuite d'instructions ministérielles en date du 10 novembre 1856, l'usage, dans les débits de boissons, des bouteilles dont il s'agit, a dû même être prohibé d'une manière absolue dans tous les départements de la France. Cependant les bouteilles ordinaires, c'est-à-dire celles qui ne comportent aucune indication de capacité, continuent à servir dans les débits, magasins, hôtelleries, etc., comme vases ou récipients, ainsi que l'a encore prévu l'article 32 de l'ordonnance du 17 avril 1839.

4. — *Jauges des fûts et futailles pour les liquides.*

A la date du 25 juillet 1847, le ministre de l'agriculture et du commerce publiait la circulaire suivante :

« Monsieur le Préfet, la jauge des fûts et futailles dans lesquels s'expédient les vins, vinaigres, eaux-de-vie, huiles et autres liquides, varie beaucoup, suivant les différents crûs et les diverses régions de la France. Les anciens usages auxquels se rattache cette différence, ne paraissent pas se conserver partout avec une égale fidélité. On se plaint que la capacité des tonneaux soit quelquefois arbitrairement diminuée, sans que la forme extérieure des fûts et futailles soit modifiée d'une manière apparente, en sorte qu'il en résulte un préjudice pour l'acheteur et un gain illicite pour le vendeur.

« Mon intention est de rechercher les moyens de faire cesser, autant que possible, les inconvénients, si fâcheux pour les intérêts du commerce, qui résultent de cet état de choses. Mais, afin de ne procéder à une réforme en cette matière qu'en parfaite connaissance de cause, j'ai besoin de savoir quelle est la jauge actuelle de tous les récipients servant à l'expédition des liquides, et quelle est la capacité réelle que l'on considérait anciennement comme la jauge normale et régulière de ces récipients.

« Je vous serai donc obligé, Monsieur le Préfet, de me transmettre des renseignements précis et détaillés sur la dimension des fûts et futailles employés dans votre département pour les vins, vinaigres, eaux-de-vie, huiles, etc., en me faisant connaître, en même temps, votre opinion sur les raisons qui vous paraîtraient réclamer le maintien des jauges actuelles, comme sur les difficultés ou les avantages de leur conversion en des types uniformes. »

Voici la réponse qu'il convenait de faire, à ce sujet, pour le département du Jura :

Les dimensions des fûts pour les vins, le vinaigre et les eaux-de-vie sont aujourd'hui généralement arbitraires. Anciennement, le *baral*, mesure de 60 litres, était considéré comme la jauge normale du Jura. Les tonneliers confectionnaient semblablement tous les vaisseaux, et cherchaient surtout à leur donner une contenance d'un nombre exact de baraux, de manière que ces fûts pussent être livrés aux acheteurs pour une capacité présumée. Mais les spéculateurs de mauvaise foi ont, à toutes les époques, fait construire des futailles plus grandes pour acheter, et plus petites pour vendre, sans toutefois augmenter, ou diminuer, sensiblement les dimensions extérieures. Ils ont fait plus : ils ont obligé les tonneliers à établir les fûts sur deux diamètres, afin que le jaugeage, au moyen d'une règle métallique divisée sur la longueur, ne donnât que des résultats inexacts. Il y a quelques années, on entendait à chaque instant le vendeur ou l'acheteur dire : voilà un tonneau qui *gagne* et en voilà un qui *perd*. Ces expressions signifiaient que la règle, appelée vulgairement *jauge*, et qui servait à mesurer obliquement la distance de la bonde à la circonférence des fonds, ne pouvait faire connaître la capacité réelle des fûts. Tous les moyens que la soif immodérée du lucre a inventés pour tromper l'acheteur ou le vendeur, ont fait varier à l'infini les dimensions, la capacité et la forme même des vaisseaux pour les liquides.

Dans le département du Jura, un fût n'est jamais livré, aujourd'hui, que pour sa capacité effective, déterminée au moyen de mesures métriques. Ce mode de jaugéage prévient toute espèce de fraude.

Si les dispositions de l'article 32 de l'ordonnance du 17 avril 1839 étaient généralement observées, les acheteurs ne seraient jamais exposés à la fraude, car un hectolitre est partout de 100 litres, tandis que le *baral*, la *velte*, le *muids*, la *mâconnaise*, etc., varient souvent d'une contrée à l'autre. Nous pensons donc que le maintien des anciennes jauges donnerait lieu à de graves inconvénients, établirait la confusion et porterait atteinte à l'uniformité de la mesure, tout en favorisant la fraude et les spéculations honteuses.

Jamais les tonneliers ne parviendront à donner aux récipients une contenance déterminée, et en supposant qu'une futaille contînt exactement une ou plusieurs fois la jauge, la capacité pourrait en être altérée de mille manières.

L'usage du commerce et les difficultés du mesurage ne peuvent être, pour le marchand, qu'un prétexte pour s'opposer à une opération qui n'est ni longue, ni pénible, et qui seule peut donner de la sécurité aux acheteurs.

Les huiles, dans le commerce en gros, se vendent au poids et jamais à la mesure. Il est donc inutile de s'occuper de la capacité des fûts employés pour l'expédition des huiles.

Les feuillettes de bière sont toutes semblables et d'une contenance de 100 à 110 litres, et le brasseur a eu soin d'indiquer en litres, sur le fond de chacune, la capacité réelle déterminée au moyen des mesures décimales. Ainsi, pour la bière, de même que pour les autres liquides, ce sont les mesures légales qui servent de base dans les transactions qui se font dans le Jura.

Le mesurage effectif n'ayant presque pas rencontré d'obstacles, ce serait exposer de nouveau les acheteurs à des infidélités, que de donner l'autorité d'une mesure légale à des fûts qui seraient rarement exacts, et qui pourraient être altérés de tant de manières.

Nous répétons donc qu'à notre avis, la meilleure mesure à prendre, en cette circonstance, est d'assurer l'exécution franche et entière des dispositions de l'art. 32 de l'ordonnance déjà citée, et de laisser confectionner arbitrairement les fûts et les futailles.

XXXII.

Peser un corps.

1. — *Principes spéciaux.*

Peser un corps, c'est déterminer la pression qu'il exerce sur l'obstacle qui s'oppose à sa chute, et c'est cette pression plus ou moins grande qui exprime le poids de ce corps.

Dans l'évaluation du poids des objets, des marchandises, des denrées de toutes sortes sujettes à être pesées, c'est le kilogramme qui sert d'unité principale, et lorsqu'on a à faire connaître la partie décimale d'un nombre résultant de l'appréciation du poids d'un objet, on l'exprime en décagrammes ou centièmes de kilogramme; mais au lieu de 85 kilogrammes 50 décagrammes, par exemple, il est mieux d'énoncer 85 kilogrammes 50 centièmes, ou simplement 85 kilogrammes 50.

Dans les transactions commerciales de l'ordre supérieur, on néglige généralement les grammes ou millièmes de kilogramme, à cause de leur peu de valeur par rapport à la valeur du kilogramme.

Dans le menu détail, les quantités de marchandises qui se vendent au poids, s'expriment par kilogrammes et grammes. On ne doit pas négliger ces derniers poids. Les quantités livrées dans ce genre de commerce, sont, en effet, souvent d'un si petit poids, qu'une différence de quelques grammes sur une pesée serait, pour les acheteurs, un préjudice relativement considérable. Aussi, dans la vente au détail, exprime et énonce-t-on 2 kilog,520 gr de pain; 1 kilog,225 gr de viande; etc.

Le gramme n'est pris pour unité que dans la détermination du poids d'objets précieux, dans la pratique des arts qui réclament le plus de précision, comme ceux du lapidaire, de l'orfèvre, du bijoutier, etc., où les pierres fines, les diamants et les métaux précieux sont souvent employés, et principalement encore celui du pharmacien, par rapport à la composition des remèdes qu'il prépare.

Dans l'énonciation des nombres décimaux dans lesquels le gramme sert d'unité principale, on dit la partie à droite de la virgule, en prononçant à la fin le nom qui appartient, dans la nomenclature légale, aux unités exprimées par le dernier chiffre. Ainsi, pour énoncer, par exemple, 25 gr,4; 2 gr,44; 0 gr,904, on lira : 25 grammes 4 décagrammes; 2 grammes 44 centigrammes; 0 gramme 904 milligrammes.

Les poids des fourrages et des matières de l'industrie d'un poids considérable s'expriment en quintaux métriques. Dans la marine, le cabotage et la batellerie fluviale, les chargements des navires, canots et bateaux s'évaluent en tonneaux de mer.

Les instruments dont on se sert le plus communément pour peser les objets sont de deux sortes, savoir : les *poids*, à la pesanteur desquels on compare celle des objets, et les *balances*, ou appareils servant à faciliter cette comparaison.

On est à peu près certain de l'exactitude des poids lorsqu'ayant été poinçonnés, ils n'ont pas subi d'altérations visibles depuis la dernière vérification. Il n'en est pas de même des balances, qui, d'un instant à l'autre, peuvent éprouver des dérangements qu'un examen attentif seul peut révéler. Aussi, en en expliquant ci-après l'usage, nous proposons-nous d'entrer

dans quelques développements sur les conditions
de justesse et de bonne construction qu'elles doivent
réunir pour assurer l'exactitude des pesées.

On distingue plusieurs espèces de balances, dont
les principales sont : les balances proprement dites
ou *balances à bras égaux*, les *balances-bascules*, les
bascules-romaines, les *balances Roberval* et les *romaines*.

2. — *Balance à bras égaux.*

La balance proprement dite est ce qu'on appelle
en statique un levier du premier genre à bras égaux,
qui sert à mettre en équilibre deux quantités égales
de matière, de sorte que, connaissant le poids de
l'une, l'on sait combien pèse l'autre.

Cet instrument se compose d'un fléau, dont la
longueur est partagée en deux parties égales par
un axe ; de deux bassins, suspendus aux extrémités des bras du fléau ; d'une chape qui sert d'appui à l'axe, où est le centre du mouvement ; enfin,
une aiguille, adaptée au-dessus de l'axe entre les
montants de la chape, et perpendiculairement au
fléau, indique les mouvements des bassins quand
elle s'incline à droite ou à gauche, et l'équilibre,
dans le cas d'une position fixe suivant la direction
de la chape, qui est toujours verticale.

Pour qu'une balance soit *juste*, c'est-à-dire pour
qu'elle n'établisse l'équilibre qu'entre des corps
égaux en masse, il faut que les deux bras aient la
même longueur, la même direction ; qu'ils soient
uniformément pesants, et que les deux plateaux et
les cordes ou chaînettes qui les supportent aient le
même poids. Quand ces conditions ont lieu, le poids
de la machine est détruit par le point fixe. S'il est
difficile d'atteindre rigoureusement à cette perfection, on peut toutefois en approcher jusqu'à ce que
l'erreur devienne assez petite, par rapport au corps
que l'on pèse, pour qu'on puisse la négliger.

Une balance bien faite devant être très-mobile, il faut, dans sa construction, diminuer autant qu'il est possible le frottement, et conséquemment la pression au point d'appui. C'est pourquoi on fait très-léger le fléau des *balances d'essai* où l'on a besoin d'une grande précision. C'est encore pour diminuer le frottement de l'axe qu'on donne à sa partie inférieure la forme de bouteau. Cette pratique est bonne; mais elle exige que l'endroit du trou sur lequel l'axe porte, soit comme lui fort dur, précaution sans laquelle il le creuserait avec le temps, ou il s'écraserait sur lui-même; ce qui nuirait à la sensibilité de la balance.

Aux termes de l'ordonnance du 16 juin 1839, tableau n° 6, les balances doivent être *oscillantes*. On reconnaît qu'une balance possède cette propriété, lorsque l'addition d'un petit poids l'ayant fait incliner d'un côté, on la verra remonter, puis descendre, remonter encore, et continuer ce mouvement jusqu'à ce qu'enfin elle prenne son repos dans une situation un peu inclinée du côté où on aura mis le poids.

Suivant la même ordonnance, la sensibilité d'une balance doit être au moins d'un deux millième du poids d'une portée, c'est-à-dire d'un demi-gramme par kilogramme. Lorsque l'addition de cette quantité ne fait pas incliner le fléau du côté où elle est placée, la balance est du genre de celles qu'on appelle *sourdes*, et n'est pas suffisamment exacte.

On reconnaît qu'une balance est de l'espèce de celles qu'on appelle *folles*, lorsque l'addition d'un très-petit poids la fait tomber sans qu'elle puisse se relever, bien qu'on retire ce petit poids pour constater évidemment l'inexactitude de l'instrument.

Ce défaut, dans lequel tombent quelquefois les balanciers, lorsqu'ils cherchent à donner une grande sensibilité à leurs balances, peut être corrigé facilement; il ne s'agit que de descendre un peu les couteaux de suspension des bassins, ou remonter le couteau du milieu, jusqu'à ce que la balance oscille.

Il peut se faire qu'une balance, quoique fausse, paraisse bien construite, ce qui a lieu quand un des bras est plus court, mais aussi pesant que l'autre. Dans ce cas, un marchand qui aurait une de ces balances et qui voudrait tromper, n'aurait qu'à placer la marchandise du côté du bras le plus long; car il en faudrait moins pour enlever les poids placés de l'autre côté; mais, pour faire tomber le fripon dans son propre piège, on n'aurait qu'à mettre la marchandise à la place des poids et les poids à la place de la marchandise.

La manière de se servir d'une balance est très-simple : elle consiste à placer d'abord sur un des plateaux l'objet dont on veut connaître le poids, et à mettre sur l'autre autant de poids qu'il en faut pour établir l'équilibre. S'il a fallu, par exemple, 5 kilogrammes, 2 kilogrammes, un demi-kilogramme et un demi-hectogramme, on dit que l'objet pèse 7 kilog, 55.

Pour se servir sans inconvénient d'une balance que l'on croit fausse, après avoir mis dans l'un des bassins des matières qui fassent équilibre à la marchandise placée dans l'autre bassin, on ôte la marchandise, et on met à sa place des poids connus, jusqu'à ce que l'équilibre soit rétabli. Il est clair que la somme de ces poids représente celui de la marchandise, puisqu'elle fait équilibre à la même masse, dans les mêmes circonstances. C'est ce procédé, dû à Borda, qui a reçu la dénomination de *méthode des doubles pesées*.

On pourrait suivre un autre procédé qui offrirait, comme le premier, l'avantage de la substitution, et se réduirait à une seule pesée. Supposons que la balance ne doive servir que pour des poids de 1 kilogramme et au-dessous; dans une expérience préalable, on mettrait dans un des plateaux 1 kilogramme et dans l'autre un contre-poids suffisant pour l'équilibre. Puis, toutes les fois qu'on aurait un corps à peser, on le mettrait dans le premier plateau, et on verrait quel poids il faudrait lui ajouter pour équilibrer le contre-poids constant. La différence entre ce complément et 1 kilogramme serait le poids du corps.

Mais toutes les balances du commerce devant être justes, il n'y a pas lieu de recourir aux règles ci-dessus dans les transactions et les ventes. Les opérations scientifiques peuvent seules en retirer quelque avantage.

Il n'est pas nécessaire d'attendre que les oscillations de la balance aient cessé pour reconnaître l'état d'équilibre ; il suffit que les oscillations atteignent, de part et d'autre, les mêmes écarts, ce que l'on reconnaît aux divisions tracées sur l'arc de cercle, dont sont munies grand nombre de balances, et que parcourt l'extrémité de l'aiguille fixée au fléau.

Il n'est pas indifférent de mettre sur une balance la marchandise avant les poids, ou les poids avant la marchandise, surtout lorsque la balance dont on dispose n'est pas douée d'une très-grande sensibilité. En effet, avec une balance peu sensible, si l'on place la marchandise avant les poids, l'inertie de l'instrument exigera l'emploi de poids supérieurs, en somme, au poids absolu du corps à peser, pour rétablir l'équilibre. Ainsi, si l'on a une balance sensible à $\frac{1}{200}$ du poids d'une portée seulement, en la chargeant d'une denrée pesant exactement 50 kilogrammes, par exemple, on se verra obligé, pour ramener l'aiguille au milieu de la chape, d'ajouter à 50 kilogrammes un supplément de poids qui sera, dans le cas particulier, de $\frac{50}{200}$ ou de 0 kilog 25. Ce sera donc de la marchandise pour autant que l'acheteur paiera sans la recevoir.

Il est vrai qu'étant donné un objet dont on de-

mande le poids, on ne peut se dispenser d'agir
ainsi. Mais si, conformément à ce que nous avons
dit plus haut, le consommateur commence toujours
par préciser la quantité de marchandise qu'il désire acheter, avant de s'occuper de ce qu'il aura à
payer, le marchand se trouve nécessairement obligé
de charger d'abord la balance des poids exprimant en totalité le poids de la marchandise demandée, avec laquelle il leur fera ensuite équilibre.
En ce cas-là, la différence que nous signalions tout
à l'heure sera à l'avantage de l'acheteur. Cependant,
si le vendeur a toujours à sa disposition des balances douées au moins de la sensibilité réglementaire, l'erreur dont il supportera le préjudice sera
assez peu importante pour qu'il n'ait pas à en redouter les effets pécuniaires. Il trouvera même dans
ce fait inévitable un motif de sécurité qu'il aurait
gravement tort de dédaigner. Si, en effet, la marchandise qu'il a livrée venait, par qui de droit, à
être vérifiée quant à la pesanteur, il n'aurait pas à
redouter des poursuites bien autrement sérieuses
dans leurs résultats, encore bien qu'il n'eût effec-
tué la pesée qu'à *balance égale*, comme on dit vulgairement.

A la rigueur, le consommateur a son compte lorsque l'aiguille se confond parfaitement avec la chape ; cependant il est d'usage, dans le commerce de
détail aussi bien que dans le commerce de gros, de
faire, en pesant, ce qu'on nomme *le bon poids* ou
le trait, c'est-à-dire de charger la balance d'un complément de marchandise, de façon que l'instrument
ait une tendance à être entraîné du côté opposé à
celui où sont placés les poids.

Parmi les balances à bras égaux, on distingue
les *balances de magasin* et les *balances de comptoir*.
Aux termes du tarif annexé à l'ordonnance du 18
décembre 1825, maintenu par l'article 47 de l'ordonnance du 17 avril 1839, sont réputées balances
de magasin, et indistinctement, toutes les balances

dont les fléaux ont plus de 65 centimètres de longueur ; et balances de comptoir, toutes celles de la plus petite dimension jusqu'à 65 centimètres.

Il n'est fait usage des balances de magasin que dans le commerce en gros. Les diverses balances de comptoir servent aux opérations du pesage en détail, depuis la plus petite pesée jusqu'à 50 kilogrammes.

Suivant les règlements d'administration publique, il appartient aux préfets de prescrire, pour leurs départements respectifs, la hauteur à laquelle doivent être suspendues au-dessus du sol les balances de magasin, et au-dessus de la table qui les supporte, les différentes balances de comptoir. Le défaut de hauteur règlementaire des balances constitue une infraction que les agents du service des poids et mesures constatent partout où elle se produit, attendu que ce défaut de hauteur est, de la part de plusieurs assujettis, un fait ayant évidemment pour but de fausser l'opération du pesage. D'où il suit qu'il y a nécessité, pour tout marchand ou détaillant, de se tenir exactement au courant de ce qui se publie chaque année à cet égard dans le *Recueil des actes administratifs* du département où il a sa résidence. Généralement, les arrêtés préfectoraux concernant les vérifications périodiques des poids et mesures, fixent le mouvement de hauteur de chacun des plateaux à la quinzième partie de la longueur du fléau, calculée de centre à centre des bassins (1).

______

(1) Dans le département du Jura, il est enjoint à tous marchands ou débitants faisant usage de balances à bras égaux, de les tenir suspendues, savoir :

Balances de magasin, à 10 centimètres du sol ;

Balances de comptoir, *grande portée*, dont le fléau a une longueur totale de 60 à 65 centimètres, à 4 centimètres de la table sur laquelle elles reposent ;

Balances de comptoir, *moyenne portée*, à fléau de 35 à 60 centimètres, à 2 centimètres de la table ;

Balances de comptoir, *petite portée*, qui ont un fléau de 35 centimètres et au-dessous, à 1 centimètre de la table.

12

3. — *Balance-bascule.*

La construction de cet instrument est telle que la verge et la plate-forme qu'elle supporte, restent toujours horizontales dans leurs mouvements; que le poids que l'on met dans le plateau est constamment le *dixième* de celui qu'on place sur la plate-forme ou tablier; enfin que le poids du fardeau est indépendant du lieu qu'il occupe sur le tablier.

Cette ingénieuse balance est d'un usage très-commode dans les bureaux des douanes, des maisons de roulage, des directions de diligences, dans les gares des chemins de fer, et pour tout le commerce en général.

La première bascule autorisée par le gouvernement français porte le nom de *bascule Quintenz,* ou *bascule de Strasbourg.* C'est encore aujourd'hui une des plus répandues. Cette sorte de balance est autorisée exclusivement dans le commerce en gros, et un arrêté ministériel du 28 août 1824 dit, article 4: « Les marchands en gros, négociants, fabri- « cants et autres, qui emploieront la balance-bas- « cule dans leur commerce, seront tenus d'avoir « des balances à bras égaux, et les poids néces- « saires aux pesées inférieures à 50 kilogrammes « qu'exigerait la nature de leurs opérations. » Il suit de là que le marchand ne peut faire usage de la bascule qu'autant que les pesées à effectuer sont su- périeures à 50 kilogrammes, sinon il doit employer la balance à bras égaux.

Pour se servir de la bascule, on commence par la tarer avec des grains de plomb que l'on jette dans la coupe fixée au-dessus du plateau, ou que l'on en retire, au besoin, jusqu'à ce que les deux index ou aiguilles soient en coïncidence parfaite. Cela fait, on place la marchandise sur le tablier, et les poids nécessaires sur le petit plateau, pour ra- mener les deux index en présence; et le produit de

la somme de ces poids par 10 exprime exactement
le poids de la marchandise. Ainsi, 8 k.^{ilog} 45 sur le
plateau correspondent précisément à 84 k^{ilos} 50 sur
le tablier.

Au moment où elle fonctionne, la bascule doit
être posée sur un sol bien horizontal, et tous les
obstacles qui pourraient en gêner le jeu doivent
être écartés. Il importe encore que le fléau soit mis
en repos chaque fois qu'il s'agit de charger ou de
décharger l'instrument, qui, sans cette précaution,
se conserverait peu de temps en bon état.

Le tableau n° 6, annexé à l'ordonnance du 16
juin 1839, dispose qu'une plaque en cuivre, fixée
sur les balances-bascules, indiquera leur portée.
Ce mode a donné lieu à des abus. Il permet, en
effet, à des fabricants et à des marchands peu consciencieux, de retirer la plaque d'une bascule pour
la placer sur un autre instrument d'une moindre
portée, de tromper ainsi l'acheteur sur la portée
réelle, et conséquemment sur l'exactitude de l'instrument qui lui est vendu. Il convenait de mettre
un terme à cet état de choses, et, par décret impérial en date du 14 juillet 1857, il a été arrêté que
l'indication de la portée des balances-bascules sera
désormais, ou gravée en creux, ou produite en relief dans l'opération de la fonte, sur le plat poli
d'une des faces latérales du fléau extérieur.

4. — Bascule-romaine.

On a imaginé, dans ces derniers temps, un genre
de bascule, appelé *bascule-romaine*, dont le principal avantage est de présenter une grande économie de poids. Cet instrument est muni d'un *fléau-
romaine*, donnant, au moyen d'un poids curseur
qui glisse dessus, la force de 100 kilogrammes. A
l'extrémité de ce fléau est suspendu un petit plateau, comme dans les bascules ordinaires, pour recevoir, dans le rapport de 1 à 100, les poids repré-

sentatifs de la charge placée sur le tablier; de sorte que 1, 2, 3, etc., kilogrammes, placés sur le premier point indiquent un poids de 100, 200, 300, etc., kilogrammes placés sur le second; le poids curseur de la romaine marque, suivant sa position, les quantités inférieures à 100 kilogrammes.

Ainsi, à raison du rapport suivant lequel la bascule-romaine est établie, un assortiment de poids exprimant en totalité la centième partie de la portée de l'appareil, suffit pour déterminer tous les poids depuis 1 kilogramme jusqu'à cette portée.

Quand les divisions de la romaine ne donnent pas les fractions du kilogramme, l'instrument est ordinairement muni d'un appendice qui fait connaître ces fractions, mais en hectogrammes et demi-hectogrammes seulement.

Pour se servir de la bascule-romaine, il faut mettre le poids curseur sur le point zéro de la romaine, qu'on fait osciller pour s'assurer de la liberté de ses mouvements, et faire la tare, lorsque les deux index ne sont pas en coïncidence parfaite. Puis, après avoir placé l'objet à peser sur le tablier, on rétablit l'équilibre, tant en plaçant des poids sur le plateau, qu'en faisant mouvoir le poids curseur sur le bras de la romaine.

D'après ce qui a été dit, 5 kilogrammes sur le plateau et le poids curseur arrêté sur la 30e division, mettant l'instrument en équilibre, le poids de la matière placée sur le tablier serait de 530 kilogrammes.

Depuis leur invention, les bascules Quintenz et les bascules-romaines ont été l'objet de perfectionnements nombreux et importants; mais ne sont autorisées dans le commerce que les bascules dont les dispositions nouvelles obtiennent l'approbation ministérielle.

5. — *Bascule en l'air.*

Cet instrument, inventé en 1848, offre une combinaison de leviers semblable à celle qui est adoptée dans les balances-bascules. Il présente une partie fixe suspendue par ses extrémités. A cette pièce sont adaptées deux romaines conjuguées, qui, à volonté, décuplent ou centuplent, par leur action, le poids indicateur.

En 1858, les inventeurs ont enrichi leur découverte d'un perfectionnement important. Ils ont évité, cette fois, l'inconvénient de deux points d'attache qui se faisait remarquer dans le premier instrument de ce genre. Les organes de la nouvelle balance sont groupés de telle manière qu'il n'y a plus qu'un seul point de suspension, ce qui permet de la transporter partout, et de l'attacher à telle hauteur que le besoin l'exige ; qu'elle peut, par cela même, servir particulièrement à peser par suspension, et remplacer avantageusement les grues et balances, en interposant la bascule entre la grue et le fardeau à peser.

Les *bascules en l'air*, étant destinées au commerce en gros, doivent, par assimilation aux balances-bascules ordinaires, avoir une portée de 100 kilogrammes au minimum, et être exclusivement établies dans le rapport de 1 à 10 ou de 1 à 100, conformément aux ordonnances et instructions en vigueur sur les instruments de pesage.

Avant de se servir de la bascule en l'air, il faut, après l'avoir suspendue convenablement, s'assurer du libre jeu des pièces du mécanisme ; puis on procédera à la tare de l'instrument, qui, cela fait, est alors propre, dans les limites de sa portée, à toutes les opérations du pesage en gros.

La marchandise étant encâblée au crochet tournant, placé à la partie inférieure de l'appareil, on enlève le tout au moyen d'un moufle jusqu'à détacher le fardeau du sol, et les poids placés sur le petit plateau pour rétablir l'équilibre représentent exactement le *dixième* ou le *centième* de la charge soumise au pesage.

Cet ingénieux instrument de pesage rend de grands services dans les arsenaux, les grandes manufactures, les établissements métallurgiques, les ateliers de construction, etc.

6. — *Balance Roberval.*

On appelle *balance anglaise* ou *balance Roberval*, du nom de l'inventeur (1), une balance établie de telle sorte que deux poids égaux, quoique placés à des distances inégales du point de suspension, se fassent pourtant équilibre.

Cette balance, dont le principal avantage consiste dans l'indépendance des plateaux, qui y sont amenés sur la ligne même du fléau, est généralement recherchée aujourd'hui par les détaillants du commerce. Elle se compose ordinairement d'un fléau principal, aux extrémités duquel sont adaptées les tiges qui supportent les bassins, et d'un fléau de transmission qui, placé en dessous du système, marche parallèlement au fléau principal, et sert, dans toutes les positions que peuvent prendre les leviers, à maintenir la verticalité des tiges, et, par suite, l'horizontalité des plateaux. Toutes ces pièces sont mobiles au moyen de couteaux sur lesquels elles s'appuient. Une aiguille, parcourant les divisions d'un arc de cercle, ou deux index placés l'un en présence de l'autre, font connaître les oscillations de la balance.

Des balances Roberval, mal construites ou défectueuses, ont été livrées à divers intéressés et

______

(1) Roberval (Gilles Person, s^r de), géomètre, né le 8 août 1602, à Roberval, village du diocèse de Beauvais, mort à Paris le 27 octobre 1675. Membre de l'Académie des sciences et professeur de mathématiques au Collège de France (1632).

mises par eux en usage. Il en est résulté des pesées inexactes qui ont donné lieu à des plaintes,
ensuite desquelles M. le ministre de l'agriculture,
du commerce et des travaux publics a cru devoir
établir, comme règles, plusieurs dispositions dont
nous avons résumé les plus importantes, chapitre
XXIII.

Le défaut le plus fréquent des balances Roberval consiste dans la variation qu'elles donnent
dans le poids d'un même objet, selon que l'on place
cet objet ou les poids, soit au centre du plateau, soit
aux extrémités rapprochées ou éloignées du point
de suspension.

On démontre rigoureusement, en statique, qu'il
y a équilibre dans une balance Roberval, tant que
les tiges conservent, dans leur mouvement oscilla-
toire, la direction de la verticale, quelle que soit,
d'ailleurs, la place occupée, sur les plateaux, par
deux poids parfaitement égaux. Le fléau de transmission placé à la partie inférieure de l'appareil
a pour effet, lorsqu'il est adapté suivant toutes
les règles de l'art du balancier, de maintenir cette
verticalité.

Quelques artistes apportent assez de soins dans
leur travail, pour donner aux balances Roberval
toute la justesse voulue. Mais, nous devons le dire,
par le temps et l'exercice, la transmission annexée
à l'appareil finit presque toujours par éprouver
des déviations, qui, en l'empêchant de fonction-
ner avec toute la précision mathématiquement nécessaire, produisent immanquablement le défaut
dont il s'agit.

Ce défaut est proportionnel aux charges, c'est-
à-dire que si la variation est, par exemple, de 15
grammes par kilogramme, cette variation sera de
150 grammes sur 10 kilogrammes. Ce défaut est
encore d'autant plus sensible que la distance entre
le fléau et les plateaux est plus grande.

Les balances Roberval, de quelque bonne construction qu'elles soient, n'offriront donc jamais au public les conditions sérieuses de justesse, de solidité et de durée des balances à bras égaux.

Les balances Roberval qui ne sont pas établies d'après les nouvelles prescriptions administratives, celles surtout qui présenteraient le défaut dont nous venons de parler, sont formellement prohibées. On s'assure qu'une balance de cette espèce est exempte de ce défaut, lorsqu'après avoir placé deux poids égaux, l'un sur l'extrémité *intérieure* d'un plateau et l'autre sur l'extrémité *extérieure* de l'autre plateau, on n'en obtient pas moins un équilibre parfait.

Ces balances doivent présenter la sensibilité exigée pour les balances à bras égaux, laquelle est au moins à un deux millième du poids d'une portée, soit 0^g,5 par kilogramme. La manière de s'en servir est aussi la même que pour ces dernières.

Le système Roberval n'a encore été appliqué jusqu'aujourd'hui qu'aux balances de comptoir. On ne fabrique pas de balances, suivant ce système, d'une portée supérieure à 60 kilogrammes. Cette force est suffisante, du reste, à toutes les opérations du détail, puisque, pour peser à partir de 50 kilogrammes, il peut être fait usage de la balance de magasin ou des diverses balances-bascules.

Les innovations que l'industrie a propagées dans la fabrication de la balance anglaise, ne diffèrent du système primitivement adopté que par des modifications de détails ; mais, quels qu'en soient le mécanisme et le nom, tous ces instruments, par la disposition des fléaux en dessous des plateaux, rentrent dans la classe des balances Roberval, à la réglementation desquelles ils sont d'ailleurs soumis.

7. — *Romaine.*

La romaine est un instrument qui fait en même temps fonction de balance et de poids ; c'est une

sorte de balance dont les deux bras sont fort inégaux. Le bras le plus long est divisé en plusieurs
parties numérotées. Quand il y a équilibre, la division sur laquelle s'arrête le poids curseur qu'on
fait mouvoir le long de ce bras, indique le poids
du corps supendu à l'extrémité du bras le plus
court. On construit aussi des romaines qui ont
deux points de suspension, au moyen desquels on
a un côté fort et un côté faible.

Pour qu'une romaine soit juste, il faut: 1° qu'elle
ait assez de mobilité à sa suspension; 2° que l'équilibre se manifeste par des oscillations; 3° que le
levier ait assez de force pour ne pas fléchir sous le
poids dont il doit être chargé; 4° que l'aiguille
dont le levier est traversé par le haut ne frotte pas
dans la chape; 5° enfin, que les divisions du bras
soient égales entre elles.

Les romaines *non oscillantes* sont expressément
interdites. L'équilibre, dans les instruments de
cette espèce, ne peut s'obtenir par la position fixe
de l'aiguille au milieu de la chape, la verge de ces
romaines tombant indifféremment d'un côté ou de
l'autre sans pouvoir se relever.

Le chiffre de la plus forte portée d'une romaine
doit être gravé sur le poids curseur, ainsi que sur
le panier lorsque l'instrument en est muni. Cette
précaution est nécessaire, afin qu'on ne puisse
donner à la romaine un poids curseur et un panier
plus lourds ou moins lourds, suivant les cas, que
ceux avec lesquels elle a été étalonnée.

Les instructions ministérielles ne permettent pas
de donner aux romaines destinées au détail une
portée supérieure à 5 kilogrammes; les romaines
dont la portée dépasse ce poids ne peuvent servir que pour le commerce en gros. (*Recueil officiel* de 1827, page 124.)

Pour qu'une romaine puisse donner des pesées
exactes, elle doit être suspendue librement. Pour
s'en servir, on place l'objet à peser dans un pa-

nier, où on le suspend au crochet libre, puis on recule le poids curseur jusqu'à ce que l'instrument soit parfaitement en équilibre. On voit alors, marqué au point où le poids curseur est arrêté, le nombre de kilogrammes, d'hectogrammes et même de demi-hectogrammes que pèse l'objet.

Mais comme, en général, les romaines ne portent pas les divisions plus rapprochées que de demi-hectogrammes en demi-hectogrammes, voici le moyen qu'on emploie pour approcher du poids de l'objet que l'on pèse à moins d'un gramme près.

Supposons que l'objet pèse $5^{kilog},235$; il est évident que la romaine ne donnera pas immédiatement ce poids; mais alors on fera glisser le poids curseur jusqu'à la division marquant $5^{kilog},250$; mais comme la romaine ne restera pas en équilibre, on posera ensuite assez de grammes sur l'objet que l'on pèse pour mettre la romaine dans une position horizontale. On voit, dans ce cas, que le poids réel de l'objet est de $5^{kilog},250 - 0^{kilog},015 = 5^{kilog},235$.

Nous devons dire que l'on recourt rarement à ce procédé, à cause du peu de valeur qu'ont ordinairement les marchandises vendues et pesées avec les instruments de cette espèce.

Bien que l'on soit parvenu, dans ces derniers temps, à donner aux romaines un assez grand degré de précision, il ne faut les admettre qu'avec la plus grande défiance, parce qu'elles sont sujettes à des altérations qu'il n'est pas toujours facile de découvrir au premier abord, et qu'elles favorisent la fraude beaucoup plus facilement qu'aucun autre instrument de pesage.

Voici les divers procédés à l'aide desquels il est possible, même en se servant d'une romaine exacte, de pratiquer la fraude dans le pesage de certaines marchandises :

1° *L'aimant.* — Cet aimant, placé dans l'une des poches de celui qui tient le bras de la romaine et qui fait glisser le poids curseur, tend, par son attraction, à faire descendre le bras de la romaine. Mais il ne peut être fait usage de ce moyen dans les fortes pesées, car la matière magnétique sur une romaine de 470 kilogrammes, par exemple, ne peut influer que très-légèrement, l'aimant étant placé dans une des poches.

2° *Le changement de crochet en plaçant la marchandise au crochet de droite, tandis qu'elle doit être placée à celui de gauche ou premier.* — Ce mode de tromperie, assez usité, et qui repose sur les premières notions de statique et d'équilibre du levier, opère une différence en moins sur le poids réel de 34 à 42 pour 100.

3° *Le soulèvement de la marchandise avec le pied.* — Ce moyen s'emploie ordinairement par un compère de celui qui tient la romaine. On profite de l'attention que porte le vendeur aux divisions de l'instrument, pendant le cours du pesage, pour glisser le pied sous la balle de marchandise. Il est aisé par là de produire une différence de 30 à 40 pour 100.

4° *Le soulèvement avec un petit crochet ou hameçon avec ficelle.* — Deux individus intéressés soutiennent la barre qui supporte la marchandise, pendant que le vendeur vérifie le poids sur la romaine. Un des deux tient dans une main une ficelle au bout de laquelle est placé un petit crochet en fer. Il allonge son bras sans qu'on le voie, perce la toile de la sache avec le crochet, et emploie toute sa force à soulever la marchandise. On opère par là une différence en moins de 38 pour 100, terme moyen.

5° *L'appui du genou contre la marchandise.* — En appuyant le genou contre la balle de marchandise soumise au pesage, on peut diminuer le poids de 40 pour 100 au plus. Cette modicité de profit, jointe aux chances d'être découvert, font que ce procédé est très-peu employé par les fraudeurs.

A ces procédés employés pour fausser le poids

dans l'intérêt de l'acheteur, on peut en ajouter un sixième, employé assez fréquemment dans l'intérêt du vendeur. Il consiste à laisser traîner sur le sol l'une des extrémités de la corde qui lie habituellement la marchandise et dans laquelle est passé le crochet de la romaine. L'un des individus chargés de soutenir la barre appuie le pied sur le bout de la corde, et la résistance qu'éprouve le soulèvement de la marchandise augmente le poids dans une notable proportion.

Il nous a paru utile d'appeler l'attention publique sur ces moyens de fraudes, qui jettent une perturbation d'autant plus fâcheuse sur certaines transactions, qu'ils se produisent dans des localités isolées, et qu'ils sont, par cela même, plus difficiles à constater.

Indépendamment des balances à bras égaux, des balances-bascules, des balances-romaines, des balances Roberval, dont nous venons de parler, il existe divers autres instruments de pesage qui ont été autorisés pour servir à des usages plus ou moins généralisés. Nous renvoyons, pour ces instruments spéciaux, aux actes qui les concernent et qui en ont permis la fabrication et déterminé l'emploi.

XXXIII.

Compter une somme.

1. — *Principes spéciaux.*

Aujourd'hui, et suivant l'article 2 du décret du 18 août 1810, la monnaie de billon de fabrication française, ne peut être employée dans les paiements que pour l'appoint de la pièce de 5 francs, si ce n'est de gré à gré. Car, de cette expression *pour l'appoint de la pièce de 5 francs*, il résulte, dit Toullier, qu'on ne peut pas donner 5 francs en billon, comme on le dit communément, mais seulement l'appoint de la pièce de 5 francs, c'est-à-dire ce qui est au-dessous de 5 francs, au plus 4f,95, ce qui est conforme à la destination de cette monnaie, uniquement applicable aux appoints.

Cette opinion a été reproduite à la tribune lors de la discution de la loi sur la refonte des monnaies, dont l'article 6 confirme d'une manière expresse, en le reproduisant, l'article 2 du décret du 18 août 1810 ; la discussion soulevée par M. Rémacle a consacré de tous points la doctrine de Toullier. (Loi du 6-8 mai 1852.)

Nous devons ajouter que, du moment où des pièces de 1 centime ont été introduites dans notre système monétaire, ce principe a dû recevoir l'extension exigée par cette introduction. Il est permis, en effet, de donner aujourd'hui jusqu'à 5 francs moins 1 centime, ou 4f,99 en monnaie de bronze.

Dans les paiements de 500 francs et au-dessus en pièces d'argent, le payeur doit fournir le sac et la ficelle. Les sacs doivent pouvoir contenir au moins 1,000 francs, être en bon état et d'une toile propre à cet usage. La valeur du sac est payée par celui qui reçoit, ou le payeur fait la retenue à raison de 10 centimes par sac. Le paiement en sacs et au poids ne prive pas celui qui reçoit du droit d'ouvrir les sacs, de vérifier et de compter les espèces en présence du payeur. (Décrets des 1er juillet 1809 et 17 novembre 1852.)

Les tribunaux ne sont que trop fréquemment appelés à punir le crime de fabrication de fausses monnaies. Dans un grand nombre de cas, les pièces fausses sont fabriquées avec du plomb ou des alliages de ce métal, et d'une manière extrèmement imparfaite; les empreintes sont prises dans du sable ou d'autres corps analogues, et l'alliage y est simplement coulé : la teinte des pièces, le défaut de netteté de leurs reliefs, le son particulier qu'elles rendent lorsqu'on les frappe ou qu'on les jette sur le sol, leur mollesse, peuvent facilement les faire reconnaître.

Mais les faux-monnayeurs ont souvent employé un moyen qui rend très-difficile de reconnaître immédiatement la fraude. Une couche très-mince de la surface d'une pièce de monnaie est enlevée et soudée sur un flanc de métal ou d'alliage d'une moindre valeur; quand le travail a été fait avec soin, il est difficile de s'apercevoir de la mauvaise nature des pièces.

Des faussaires ont souvent fait passer des pièces de 1 et 2 francs dorées pour des pièces de 20 et 40 francs. Il est extrêmement facile de se mettre à l'abri de cette fraude, l'effigie des pièces d'argent étant toujours, pour un même règne, tournée en sens inverse de celle des pièces d'or. Ainsi les pièces d'argent de Louis XVIII, de Charles X et de Napoléon III ont la face tournée à gauche, et les pièces d'or l'ont à droite. Sous Napoléon Ier et Louis-Philippe, les effigies étaient en sens inverse des précédentes.

Suivant l'arrêté du 6 fructidor an XI, les pièces de monnaies qui n'ont conservé aucune trace de leur empreinte, ont perdu, aux termes des anciennes lois, le caractère de monnaies. D'où il suit que les pièces dont l'empreinte est totalement effacée, n'ont plus cours forcé. Cependant, elles sont reçues au change pour un prix calculé en raison du poids. La règle actuelle est de retenir un simple droit de fabrication, fixé à 1 f, 50 par kilogramme d'argent et 6 f, 70 par kilogramme d'or.

Les droits que nous venons d'indiquer sont de même seuls perçus à l'hôtel de la Monnaie sur toutes les matières d'or et d'argent qui sont au titre monétaire, c'est-à-dire à 0,9 de fin. Si elles sont au-dessous, elles doivent, indépendamment des droits de fabrication, supporter les frais d'affinage ou de départ. (Loi du 7 germinal an XI, art. 12.)

Le tarif de ces frais d'affinage a été successivement réglé par un arrêté du 4 prairial an XI et par une ordonnance du 15 octobre 1828, qui est aujourd'hui encore en vigueur.

Plusieurs monnaies étrangères, comme les monnaies belges, italiennes et suisses, ont cours en France; c'est ce qu'a consacré la jurisprudence, en décidant que les monnaies d'or et d'argent du ci-devant royaume d'Italie, fabriquées avec le titre et le poids prescrits par le décret du 21 mars 1807, continuent d'avoir cours légal en France en vertu du décret du 24 janvier 1807 non abrogé. Les autres monnaies étrangères, frappées dans des conditions différentes, n'ont cours en France que de gré à gré.

Pour ce qui concerne la pénalité en matière de monnaies, il faut consulter plus loin notre extrait du Code pénal.

2. — Calcul des espèces monétaires.

On sait que les calculs qui s'appliquent aux monnaies sont, sans comparaison, ceux dont on fait le plus d'usage. Ils se mêlent presque partout dans les opérations relatives aux différentes mesures et aux poids. Toute transaction, sauf le cas où il y a échange de marchandise contre marchandise, donne lieu, en effet, à un calcul ou compte de monnaies.

Si, d'un autre côté, on peut, jusqu'à un certain point, se dispenser, dans les ventes et les achats, soit de mesurer une pièce d'étoffe, soit de peser une denrée quelconque, soit d'évaluer en mesures cubiques une certaine quantité de bois à brûler, etc., ni l'acheteur ni le vendeur ne se dispensent jamais de fixer et de compter exactement la somme à payer au premier par le second, pour acquit de la chose qui fait l'objet de leur marché; et si quelquefois, évaluant approximativement la quantité ou le poids d'une marchandise, on en établit le prix d'après cette approximation, dans aucun cas les espèces monétaires représentatives du prix convenu ne sont livrées ni reçues bénévolement pour une valeur supposée égale, à tout hasard, à celle de ce prix. Ce n'est pas loin de là, qu'après qu'il a été pris maintes précautions par chacun des contractants en vue de ses intérêts particuliers ; que l'acheteur s'est assuré qu'il n'a strictement versé que la somme qu'il doit réellement, et que le vendeur a acquis la certitude qu'il a intégralement reçu celle qui lui est effectivement due ; ce n'est qu'alors, disons-nous, que le marché passe à l'état d'acte consommé. Ce fait est tellement vrai que la monnaie, grand mobile de la vie pratique, n'est jamais remise, par l'un, qu'avec la crainte d'en donner pour une valeur trop grande, et n'est jamais acceptée, par l'autre, qu'avec la crainte de n'en pas recevoir pour une valeur suffisante.

L'introduction de la loi décimale dans notre système monétaire, pouvait seule assurer à l'importante opération du calcul des monnaies, toute la facilité et la célérité désirables. Cette innovation est donc un présent fait au commerce, qui lui doit, comme les sciences, les arts et l'industrie, une immense économie de temps et de travail, résultat bien précieux à notre époque de rapides échanges et de transactions si nombreuses et si variées. Dans le maniement des monnaies, de même que dans toutes les opérations où une grande précision est exigée, c'est au plus ou moins d'expérience que nous devons généralement le degré plus ou moins élevé d'habileté que nous y apportons. Cependant, nombre d'acheteurs et de vendeurs ne font preuve, en cette matière spéciale, que d'une bien médiocre aptitude, même lorsqu'ils se renferment dans le cercle des opérations les plus vulgaires. Il ne peut donc paraître oiseux de tracer ici les règles à suivre à cet égard. Le cadre que nous avons embrassé nous porte, du reste, à essayer de formuler celles qui nous semblent avoir le plus d'importance et d'utilité.

Pour déterminer la valeur d'un nombre quelconque d'espèces monétaires, on commence par répartir les diverses pièces en groupes formés de piles de 1,000 francs, 100 francs, 10 francs et 1 franc, et placés les uns à la droite des autres, dans l'ordre de leur valeur.

Les pièces de 100 francs réunies par piles de 10, et les pièces de 50 francs par piles de 20, forment le premier groupe.

Les pièces de 20 francs réunies par piles de 5, les pièces de 10 francs par piles de 10, et les pièces de 5 francs par piles de 20, forment le second groupe.

Les pièces de 2 francs réunies par piles de 5, les pièces de 1 franc par piles de 10, et les pièces de 50 centimes par piles de 20, forment le troisième groupe.

Les pièces de 20 centimes réunies par piles de 5, et les pièces de la monnaie de bronze réunies, celles de 10 centimes par piles de 10, et celles de 5 centimes par piles de 20, forment le quatrième et dernier groupe.

Puis, cette répartition effectuée, on fait le total des piles contenues dans chaque groupe; celui des piles du premier groupe exprime les mille du nombre dont on cherche l'expression; le total des piles du second groupe en exprime les centaines; celui des piles du troisième en exprime les dizaines, et celui des piles du quatrième en exprime les unités ou francs. Ainsi, 4 piles de 1,000 francs, 6 de 100 francs, 3 de 10 francs et 9 de 1 franc valent en somme 4639 francs.

Cette méthode étant fondée, comme on le voit, sur la manière d'écrire et d'énoncer un nombre suivant les principes de la numération ordinaire, il s'en suit qu'une pile d'un groupe quelconque vaut 10 piles du groupe immédiatement inférieur. En conséquence, lorsqu'il y aura 10 piles dans un groupe, on les comptera comme une pile du groupe immédiatement supérieur; les piles excédant 10 seulement exprimeront les unités du groupe que l'on considère. D'après cela, 1 pile de 1,000 francs, 14 de

100 francs, 2 de 10 francs et 7 de 1 franc équivaudront à 2427 francs.

Lorsqu'on ne pourra, avec des pièces d'une même valeur, composer entièrement la pile propre à ces pièces, on observera ce qui suit : 1° si les pièces de la valeur immédiatement inférieure appartiennent au même groupe, on complètera la valeur de la pile avec ces pièces de la valeur immédiatement inférieure ; 2° si, au contraire, les pièces de la valeur immédiatement inférieure appartiennent à un autre groupe, les pièces dont il s'agit serviront à la formation des piles de ce dernier groupe. Ainsi, à 3 pièces de 2 francs, par exemple, on ajoutera 4 pièces de 1 franc pour former une pile de la valeur de 10 francs ; mais une pièce de 50 centimes servira, reportée au groupe suivant, à former une pile de 1 franc par l'addition de 2 pièces de 20 centimes et d'une pièce de 10 centimes.

Enfin, lorsqu'il se trouvera des pièces de 2 et de 5 centimes en nombre suffisant pour faire 1 franc, on les comptera en prenant les pièces de 10 centimes une à une et les pièces de 5 centimes deux à deux, et en prononçant, en même temps, *dix, vingt, trente, quarante, etc., centimes.* Si le nombre des pièces de 5 centimes est impair, on ajoute 5 à la dernière dizaine ainsi obtenue. Soient, par exemple, 3 pièces de 10 centimes et 5 de 5 centimes. En prenant les pièces de 10 centimes une à une, on dira : *dix, vingt, trente* ; puis, prenant les pièces de 5 centimes deux à deux, on continuera en disant : *quarante, cinquante* ; enfin, prenant la pièce de 5 centimes restée seule, on ajoutera : *cinquante-cinq* ; ce qui exprimera qu'on a une somme de 55 centimes.

Il est un cas qui se présente assez fréquemment. C'est celui où le vendeur a à rendre une certaine somme sur la valeur de la pièce présentée en paiement par l'acheteur. Le mode le plus simple et le plus fréquemment employé, dans la circonstance, consiste à partir, monnaies en mains, de la somme effectivement due, en comptant pièce par pièce l'argent rendu, jusqu'à ce qu'on parvienne au nombre exprimant la valeur de la pièce remise par l'acheteur. Supposons, par exemple, qu'une personne ait acheté pour 2f,60 de pain et qu'elle offre en paiement une pièce de 5 francs. Le vendeur, partant de 2f,60, rendra à l'acheteur ce qu'il lui redoit, en remettant d'abord des pièces de 10 centimes une à une ou des pièces de 5 centimes deux à deux, et en disant au fur et à mesure: 2f,70; 2f,80; 2f,90 ; 3 *francs*; puis, si, pour parfaire la somme dont il s'agit, il remet, par exemple, des pièces de 1 franc, il ajoutera successivement en les remettant : 4 *francs* et 5 *francs*.

Pour prendre en caisse une somme déterminée, on procède, à peu de chose près, comme dans les cas précédents. On forme avec les pièces dont on dispose, autant de piles de 10 francs et de 100 francs qu'il est nécessaire (de 1000 francs, s'il le faut), pour arriver au multiple de 10 le plus rapproché de la somme à former. Ce qu'il manque est ensuite complété, comme il vient d'être dit, au moyen de menue monnaie.

Ainsi, pour payer à un créancier 110f,87 à prendre en caisse, on formera d'abord une pile de 100 francs, soit par une seule pièce de 100 francs, soit avec deux pièces de 50 francs, cinq pièces de 20 francs, dix pièces de 10 francs ou vingt pièces de 5 francs. On formera ensuite une pile de 10 francs, en réunissant ou vingt pièces de 50 centimes, ou dix pièces de 1 franc, ou cinq pièces de 2 francs, ou deux pièces de 5 francs, ou même en prenant une seule pièce de 10 francs. Enfin, pour parfaire la somme à remettre, on posera successivement sur la table une pièce de chacune des valeurs suivantes: 50 centimes, 20 centimes, 10 centimes, 5 centimes, et 2 centimes ; mais on dira simultanément : 50, — 70, — 80, — 85, — 87 ; et la somme de 110f,87 se trouvera ainsi formée.

Quelques-unes des espèces monétaires peuvent manquer; on les remplace alors par d'autres; mais la manière de procéder revient, dans tous les cas, à ce qui a déjà été dit.

Le négociant qui a de l'ordre, ne se contente pas de connaître sa position avec ses correspondants; il veut, il doit aussi se rendre compte de l'emploi de l'argent qu'il reçoit. C'est pour parvenir à ce but qu'on ouvre un *livre de caisse*. Ce livre se tient comme un compte ordinaire, c'est-à-dire que l'on considère la *caisse* comme une personne à laquelle on l'ouvrirait; on la *débite*, par conséquent, de toutes les sommes qu'elle reçoit, et on la *crédite* de toutes celles qu'elle paie; et le *solde*, c'est-à-dire la somme qui manque à son *crédit* pour égaler son *débit*, doit être précisément, si l'on n'a fait aucune erreur ou omission, le montant de l'argent qu'on possède.

La *caisse* doit être arrêtée au moins une fois par mois, le dernier jour; les maisons d'une grande importance l'arrêtent même tous les jours. Pour l'arrêter, après avoir additionné le *crédit* et le *débit*, on soustraira le premier du second, et, ayant ainsi trouvé le *solde* en caisse, on vérifiera s'il y est bien réellement, c'est-à-dire si la somme en caisse est bien exactement celle qui est indiquée par le livre.

Pour rendre cette vérification prompte et facile, la caisse doit être tenue avec beaucoup d'ordre. On a proposé plusieurs méthodes à ce sujet. Sans entrer dans les détails d'aucune, nous dirons cependant qu'une marche assez généralement suivie consiste à caser les espèces, dans la caisse, suivant leur nature et suivant leur valeur.

Les pièces de 5 francs en argent se mettent en sacs de mille francs. Les pièces d'or se mettent, suivant leur valeur, en rouleaux de 100 francs ou de 1,000 francs. Les petites pièces de monnaie d'argent se roulent également par paquets que l'on étiquelle; mais on a toujours soin, comme nous venons de le dire, de ne grouper ensemble que des pièces de même valeur comme de même nature.

Nous pensons qu'il serait puéril d'entrer dans de plus longs détails à cet égard. Les caisses des grandes maisons sont généralement tenues par des hommes trop habiles pour avoir besoin d'instructions spéciales. D'ailleurs, tout caissier intelligent ne manque jamais de se créer une méthode particulière quelconque, mais souvent compréhensible et praticable pour lui seul. Tout en ceci, en effet, dépend plutôt de l'aptitude, du tact ou du talent naturel des personnes, que de la connaissance parfaite de règles plus ou moins spécieusement tracées.

3. — *Calcul de la vente en détail.*

Dans le bas commerce, les poids et mesures sont rarement employés d'après le principe décimal, et les poids sont le plus souvent employés au *hasard*; ce qui a lieu, surtout, lorsque l'acheteur demande de la marchandise pour *ce qu'il veut dépenser d'argent*. Ainsi, pour 48 centimes de farine, à 25 centimes le kilogramme, par exemple, ce ne sera que par hasard s'il est délivré 1920 grammes de cette denrée. Le vendeur, reculant devant un calcul, donnera quelques grammes en moins de 2 kilogrammes, pour compenser, par à peu près, ce qu'il manque à 48 pour être exactement le double de 25. De sorte que, ni le vendeur ni l'acheteur ne sont jamais sûrs, l'un qu'il n'a pas donné plus, l'autre qu'il n'a pas reçu moins que ce qui a été demandé et payé.

D'un autre côté, les pièces de 1 et de 2 centimes, établies pour servir au menu détail, ne sont encore que peu d'usage : on compte encore habituellement par sommes rondes de cinq centimes; mais cette manière de compter produit des abus, car, lorsqu'on ne recourt pas aux petites monnaies, il arrive de deux choses l'une : ou le vendeur, même à son préjudice, livre une quantité pour une autre, ou, au préjudice de l'acheteur, il élève le prix de la marchandise. Ainsi, par exemple, 400 grammes de pain, à 30 centimes le kilogramme, seront payés 10 ou 15 centimes, au lieu de 12, avec préjudice, dans le premier cas, de 2 centimes pour le vendeur, et, dans le second cas, de 3 centimes pour l'acheteur.

Ces usages, qui se sont introduits depuis l'établissement des pièces décimales de la monnaie de bronze, retardent indéfiniment l'application du système légal et mécontentent les acheteurs, avec d'autant plus de raison que, plus habiles et plus expérimentés que ceux-ci, les vendeurs ne savent souvent que trop bien, dans la circonstance, faire tourner l'opération à leur profit.

Le tableau que nous avons publié (1), contribuera à faire cesser les plaintes qui se sont élevées contre ce genre de commerce. Il indique au vendeur désireux d'éviter les peines correctionnelles portées contre quiconque trompe sur la quantité de la marchandise vendue, le poids de denrée qu'il doit livrer pour une somme donnée, et fournit à l'acheteur le moyen de s'assurer de l'exactitude du poids de la marchandise demandée, et de distinguer ainsi les vendeurs qui le servent fidèlement.

Par l'usage de ce tableau, on garantit la fidélité dans le commerce si intéressant du détail, puisque le vendeur trouve le moyen de se faire payer ce qui lui est dû jusqu'à un centime près, et l'acheteur celui de se faire livrer jusqu'à un gramme près de la marchandise qu'il demande ; on utilise jusqu'aux plus petites monnaies de bronze, restées jusqu'aujourd'hui sans emploi, faute de connaissances suffisantes de la part du public à ce sujet ; on assure

______
(1) Guide de la ménagère et du marchand en détail.

enfin l'application franche du système métrique français, en prenant nécessairement les monnaies et les poids décimaux pour ce qu'ils valent réellement.

Dans ce tableau, le prix de la marchandise est placé en tête de chaque colonne verticale ; les nombres de la première colonne, à gauche, sont les sommes pour lesquelles les acheteurs demandent souvent une certaine quantité de marchandise, sans en indiquer le poids, comme 25 centimes de jambon, 15 centimes de beurre, 10 centimes d'huile, etc.; les nombres des autres colonnes indiquent en grammes la quantité de marchandise que le vendeur est tenu de livrer à l'acheteur.

Cela posé, pour connaître ce que, pour une somme fixée, le vendeur doit donner d'une marchandise dont on connaît le prix d'après le kilogramme, on cherche d'abord le nombre qui exprime la somme à dépenser, dans la première colonne verticale, puis le prix du kilogramme de la marchandise demandée, dans la première ligne horizontale : le prix cherché est placé dans la case d'intersection de ces deux nombres.

Soit à livrer, par exemple, pour 32 centimes d'une marchandise dont le kilogramme est évalué 45 centimes : le nombre 711, qui correspond à 32 dans la première colonne verticale et à 45 dans la première ligne horizontale, indique, suivant ce qui vient d'être dit, que l'acheteur doit recevoir 711 grammes.

Une ménagère, par exemple encore, a payé 40 centimes pour un pot au feu qui lui a été livré à raison de 60 centimes le kilogramme ; si elle veut en vérifier le poids, elle se portera à 40 centimes dans la première colonne à gauche, et, allant à droite jusqu'à la rencontre de la colonne intitulée 60 centimes, elle trouvera que ce poids doit être de 666 grammes.

Si la somme pour laquelle il est demandé une

certaine denrée ne figure pas dans la première colonne verticale, on détermine, selon le mode indiqué, la quantité de marchandise qu'on aurait à
livrer, ou pour la moitié, ou pour le tiers, ou pour
le quart, etc., de la somme à dépenser ; après quoi
on multiplie le nombre trouvé ou par 2, ou par 3,
ou par 4, etc.; le produit exprime précisément le
poids que l'on cherche.

Ainsi, pour trouver la quantité à livrer pour 1^f,75
d'une marchandise dont le prix est fixé à 52 centimes le kilogramme, il faut diviser 1^f,75 par 5 ;
le quotient étant 35 centimes, on détermine le
poids à livrer pour cette dernière somme ; on
trouve que ce poids est de 673 grammes. La quantité à livrer pour 1^f, 75 sera nécessairement 5
fois plus grande ; elle sera donc de $673 \times 5 =$
3^{kilog}, 365.

Lorsqu'au contraire le prix du kilogramme de
la marchandise demandée ne figure pas dans la
première ligne horizontale, on prend ou la moitié,
ou le tiers, ou le quart, etc., de ce prix. Ayant
opéré sur le résultat d'après la méthode indiquée,
on n'a plus qu'à diviser le poids trouvé ou par 2,
ou par 3, ou par 4, etc., pour obtenir le nombre
exprimant la vraie quantité cherchée.

Ainsi donc, si le kilogramme de marchandise est
évalué 1^f,35 et qu'un acheteur en veuille pour 20
centimes, on prendra le cinquième de 1^f,35, qui
est de 27 centimes ; puis on procédera comme si le
prix du kilogramme était fixé à 27 centimes ; ce qui
fera trouver 740 grammes. Mais le prix du kilogramme de la marchandise demandée étant 5 fois
plus élevé que le prix sur lequel on a calculé, il
s'en suit que la quantité réelle à livrer sera 5 fois
moindre, ou $\frac{740}{5} = 148$ grammes.

Ce tableau est destiné à être affiché dans les boutiques et les magasins pour y être consulté à l'occasion. Les chefs de maison doivent aussi en pour-

voir leur intérieur. C'est alors la gouverne des ménagères, qui, avec une balance et les poids nécessaires, trouvent le moyen, en opérant comme il a été dit plus haut, de vérifier l'exactitude des comptes présentés par les domestiques chargés des approvisionnements.

Ce tableau indique encore la quantité à donner d'un liquide pour une certaine somme, le prix du litre étant connu. La marche à suivre est la même que celle que nous avons tracée ci-dessus ; seulement, il faudra supprimer le dernier chiffre de chaque nombre trouvé, pour obtenir en centilitres la quantité du liquide à livrer. D'après cela, si un liquide coûte 50 centimes le litre, pour 55 centimes il en sera donné 110 centilitres, ou 1^{l},10.

Lorsque la marchandise est pesée, l'acheteur doit en vérifier le poids, avant de l'accepter et d'en payer le prix. Dans cette vérification, on compte en grammes les poids au-dessous du kilogramme. Ainsi, si les poids qui font équilibre à la marchandise sont : 5 hectogrammes, 2 hectogrammes, 50 grammes et 10 grammes, il faudra, dans le calcul, prendre 5 hectogrammes pour 500 grammes et 2 hectogrammes pour 200 grammes, et dire : 5 et 2 *font 7 ou* 700, *et* 50 *font* 750, *et* 10 *font* 760 *grammes*. Tel sera, dans le cas particulier, le poids de la marchandise livrée par le vendeur. Si avec ces poids il se trouve 3 kilogrammes sur la balance, par exemple, on dira que la marchandise pèse 3 kilogrammes 760 grammes. Par conséquent, on commencera toujours par faire le total en grammes des petits poids à partir du demi-kilogramme ou 5 hectogrammes, puis, s'il y a lieu, on réunira ce total, comme il vient d'être dit, à la somme des kilogrammes que le poids de la marchandise pourra comporter en plus.

Le poids de la marchandise étant déterminé, il faut s'assurer ensuite si le prix qu'on en donne est en rapport avec ce poids. Lorsque l'acheteur aura, sans en faire connaître la quantité, demandé de la marchandise pour une somme donnée, il pourra, après avoir reconnu le poids de la marchandise, vérifier l'exactitude de l'opération, soit au moyen du tableau, soit, à défaut de ce tableau, par le calcul.

Au moyen du tableau : l'acheteur a-t-il demandé pour 38 centimes d'une marchandise cotée 55 centimes le kilogramme? Voyant que le nombre 690 correspond à la fois à 38, dans la première colonne verticale, et à 55 dans la première ligne horizontale, on en conclura que la marchandise à livrer doit peser 690 grammes. Conséquemment les poids suivants : 5 hectogrammes, 1 hectogramme, 50 grammes et deux poids de 20 grammes, devront avoir servi de contre-poids à la marchandise.

Au moyen du calcul : l'acheteur a-t-il demandé pour 70 centimes d'une denrée dont le kilogramme vaut 30 centimes? On divisera 70000 par 30 ; le quotient étant 2333, on en conclura que la marchandise à délivrer doit peser 2333 grammes ou 2 kilogrammes 333 grammes. Par conséquent, les poids suivants : 2 kilogrammes, 2 hectogrammes, 1 hectogramme, 20 grammes, 10 grammes, 2 grammes et 1 gramme, seront les poids dont aura dû faire usage le vendeur pour peser la quantité de marchandise demandée.

Il arrive quelquefois que l'acheteur indique la quantité de marchandise dont il a besoin, et paie ensuite en raison du poids. Dans ce cas, l'acheteur doit commencer par s'assurer, suivant le mode enseigné ci-dessus, si réellement les poids placés sur la balance par le vendeur expriment en totalité le poids de la marchandise demandée. Ayant ensuite procédé au pesage, pour connaître ce que le consommateur a à payer, on doit multiplier le prix du kilogramme exprimé en francs et centimes par le nombre qui exprime en kilogrammes et grammes le poids de la marchandise livrée.

Ainsi, 460 grammes d'une marchandise à $1^f,25$ le kilogramme seront payés $0,460 \times 1,25 = 0^f,57$.

Il faut remarquer ici que le produit trouvé est 57500. Mais comme, dans cette opération, de même que dans toutes celles de ce genre, on a cinq décimales à séparer sur la droite du résultat, on obtient effectivement 0,57500, ou, en retranchant les trois derniers chiffres, $0^f,57$.

L'opération du mesurage des denrées vendues au détail, ne présente pas de difficultés particulières. Lorsqu'en effet, le vendeur mesure la marchandise demandée, cela se pratique comme cela doit toujours se pratiquer, sous les yeux de l'acheteur, qui, alors, n'a, pour surveiller l'opération, qu'à compter unité par unité, au fur et à mesure que le marchand effectue le mesurage.

Quant aux calculs auxquels donne lieu la vente en détail des marchandises qui se mesurent, on peut y appliquer les règles que nous venons de prescrire pour la vente des marchandises qui se pèsent. Nous ne croyons donc pas nécessaire d'entrer dans de plus longs détails à ce sujet.

4. — *Calcul des factures.*

La facture est la note qui accompagne la marchandise livrée; elle contient, quand elle est bien rédigée, les quantités et les prix des marchandises, elle énonce les conditions particulières de la vente, enfin elle exprime tout ce qui est nécessaire pour que, par sa simple lecture, on puisse comprendre tout ce qui est relatif à cette vente. Les calculs que nécessitent les factures tendent tous à ce but : disposer les choses de telle sorte que le total de la facture exprime la somme précise à laquelle se montent les marchandises, c'est-à-dire, le prix total de ces marchandises. Pour atteindre ce but, voici comment on devra opérer :

On multipliera la quantité de chaque marchan-

dise par le prix de l'unité; s'il y avait diverses quantités de marchandises au même prix, on les addi-
tionnerait afin de n'avoir qu'une seule quantité
pour toutes les marchandises du même prix, et
l'on multiplierait cette quantité totale par le prix
de l'unité. Le produit de chacune de ces multiplications sera porté dans une colonne, de manière
à rendre facile l'addition des sommes résultant
de ces multiplications. Toutes les multiplications
étant terminées, on fera l'addition générale de tous
les produits des multiplications, et cette addition
formera le *montant brut* de la facture.

Ainsi nous vendons au même acheteur : 1 pièce
de satin de 78 mètres à 5 francs; — 2 pièces de satin à 4 francs, l'une de 75 mètres et l'autre de 82 ;
— 3 pièces de gros de Naples à 6 francs, l'une de
54 mètres, l'autre de 72 mètres, la troisième de 49
mètres ; — enfin 1 pièce de velours de 34 mètres à
20 francs.

Nous disposerons ainsi ces quantités sur la facture :

Satin	78 mèt.	. . . .	à 5ᶠ.	390
Id.	75 id.	} 157 mèt. à 4ᶠ.		628
Id.	82 id.			
Gros de Naples.	54 id.			
Id. . . .	72 id.	} 175 mèt. à 6ᶠ.		1050
Id. . .	49 id.			
Velours	34 id.	. . . .	à 20ᶠ.	620

Fr. 2688

Nous avons additionné les quantités de marchandises au même prix, nous avons multiplié toutes
les quantités relatives à chaque prix par ce prix ;
nous avons rangé en colonne les produits de nos
multiplications, et, faisant l'addition générale de
ces divers produits, nous avons trouvé pour résultat une somme de 2688 francs qui est le *montant
brut* de ces marchandises, c'est-à-dire leur valeur

totale, en ne prenant pour base des calculs que les quantités de marchandises et leur prix relatif.

Si ces marchandises étaient achetées comptant, sans aucune espèce d'escompte ou rabais, et livrées sur banques, ce serait cette somme de 2,688 francs que l'acheteur aurait à compter immédiatement au vendeur, parce que le montant brut de la facture exprime le prix total et définitif d'une marchandise, quand cette marchandise n'est vendue sous aucune condition particulière.

Mais il arrive rarement que le calcul de la facture soit réduit à des données aussi simples, parce que rarement la vente est faite sans condition particulière. Les faits qui président à la livraison ou à l'expédition, les usages des places, les convenances particulières de l'acheteur et du vendeur, peuvent amener et amènent presque toujours divers arrangements dont la facture doit constater les résultats.

Toute personne qui reçoit une somme quelconque peut être toujours mise en demeure d'en délivrer quittance. Lorsque la livraison d'une marchandise a été accompagnée d'une facture, le vendeur donne quittance, lors du paiement, en signant la facture après y avoir écrit ces mots : *pour acquit.* Dans le commerce en détail, où la remise des espèces a lieu contre la livraison de la marchandise, on ne fait usage ni de facture ni de quittance.

Les comptes ou mémoires présentés par les ouvriers ou entrepreneurs se quittancent de la même manière que les factures.

Suivant la jurisprudence actuelle, une facture acquittée emporte quittance de toutes les factures d'une date antérieure, délivrées par la même maison au même acheteur.

Le payeur ne peut exiger quittance qu'après que les espèces ont été vérifiées et comptées par la personne qui les reçoit, de même que le prix d'une marchandise ne peut être exigé qu'après que l'acheteur en a vérifié le poids ou la quantité. La qualité se reconnaît avant toute autre opération.

QUATRIÈME PARTIE.

PÉNALITÉ.

XXXIV.

Considérations générales.

Un homme d'esprit, qui s'était occupé avec grand succès d'affaires commerciales, disait souvent que si la bonne foi était l'âme du commerce, elle n'était pas toujours dans l'âme du commerçant.

Cette réflexion, qu'il faudrait bien se garder de généraliser, ne s'applique pas plus au temps présent qu'au temps passé. De tout temps, à côté du commerçant honnête, qui exerce sa profession avec conscience et loyauté, le marchand de mauvaise foi a tenté de tromper l'acheteur sur la quantité ou sur la qualité de l'objet vendu. De tout temps aussi, la législation s'est attachée à réprimer ces fraudes, d'autant plus odieuses qu'elles s'attaquent d'ordinaire à la subsistance du pauvre, et menacent souvent la santé publique. La Bible les condamne avec une énergique simplicité : « Avoir deux poids est « une abomination aux yeux du Seigneur; la ba-« lance trompeuse n'est pas bonne. » (Proverbes, chapitre xx, verset 23.)

Une loi romaine assimile au vol l'usage de faux poids. (*Digestes, de Fortis*, L. 52, § 22.)

Les dispositions législatives sur les fraudes commerciales sont très-nombreuses dans notre ancien droit français. Elles sont pour la plupart relatives à telle ou telle profession, et principalement à la fabrication ou au mélange des boissons. C'est ainsi que, dans les statuts donnés aux brasseurs par Étienne Boileau, prévôt de Paris, sous le règne de saint Louis, on trouve l'interdiction d'employer certaines matières, telles que piment ou résine, parce que « *li preudhomme du mestier dient que telles choses ne sont pas bonnes ne loyant, quár elles sont mauvaises au chief et au corps, aux malades et aux sains.* » Les peines édictées contre les coupables se ressentent de la rudesse des temps et de l'arbitraire de la législation criminelle. Le boulanger, le boucher, le charcutier, le débitant de boissons sont punis, « selon le degré de malice, » comme dit Muyart de Vouglans, de la fustigation, du bannissement et même de la mort. Mornac cite un arrêt par lequel un charretier, convaincu d'avoir gâté le vin qu'il conduisait, fut condamné au fouet dans les carrefours de la ville et à une amende. Il ajoute qu'il fut déclaré par le premier président, lors de cet arrêt, que désormais tous les voituriers qui tomberaient dans le même cas, seraient punis de la potence.

Cette décision appartient évidemment à un temps où la potence était un moyen de gouvernement et de moralisation beaucoup trop employé ; et le parlement, dans son zèle pour la pureté du vin, faisait trop bon marché de la vie des hommes. *Je ne vois pas, pour moi, que le cas soit pendable.*

Cette législation arbitraire et cruelle subsista jusqu'à la Révolution.

L'Assemblée constituante la fit disparaître avec beaucoup d'autres monuments de la barbarie. Il faut lui en savoir gré, au nom de l'intérêt public, autant qu'au nom de l'humanité. Il est évident, en effet, que de pareilles lois devaient être inefficaces à force d'être cruelles, et que le seul moyen de réprimer les fraudes commerciales était de les frapper de peines que la conscience du juge ne se refusât pas à appliquer. La loi du 19 juillet 1791 punit d'une amende de 1,000 livres au plus, et d'un emprisonnement pouvant s'élever jusqu'à une année, toute personne convaincue d'avoir falsifié des boissons par des matières nuisibles à la santé ; d'un autre côté, elle frappa tout individu convaincu d'avoir exposé en vente des comestibles gâtés, corrompus ou nuisibles, d'une amende égale au tiers de la contribution mobilière du délinquant.

Depuis cette époque, le Code pénal a toujours puni ces délits ; mais les dispositions consacrées à leur répression présentaient des lacunes et des imperfections, à l'abri desquelles la fraude pouvait, dans certains cas, se produire avec impunité.

Ainsi, la falsification des boissons à l'aide de substances non nuisibles à la santé, n'était punie que d'une amende de 6 à 40 francs, peine évidemment insuffisante. Quant à la falsification des substances solides, elle n'était considérée comme un délit qu'autant qu'elle changeait la nature de l'objet vendu ; quand elle ne faisait qu'en altérer la qualité, elle n'était pas punie. De là, pour le juge, une fâcheuse alternative : ou il restait impuissant en présence de faits évidemment coupables, ou il était entraîné à forcer le sens de la loi pour ne pas les laisser impunis.

Cet état de choses avait déterminé, dès 1838, une pétition adressée à la Chambre des députés, et ayant pour objet de faire réglementer à nouveau cette matière spéciale. La presse, de son côté, s'attacha à démontrer la nécessité d'une réforme, et ne cessa de la réclamer. L'honneur de l'avoir poursuivie avec une infatigable persévérance appartient surtout à un spirituel écrivain, habile à présenter, sous une forme ingénieuse et piquante, des idées saines et des sentiments vrais. Dans plusieurs de ses ouvrages, il a bien souvent appliqué à la fraude commerciale un mot qui lui convient, au point de vue légal, en l'assimilant au vol. Enfin, l'Assemblée constituante de 1848 fut saisie d'une proposition qui provoqua des études, et eut pour résultat la promulgation des lois des 27 mars 1851 et 5 mai 1855.

Avant la loi de 1851, la falsification de substances alimentaires, la détention de faux poids et de fausses mesures, la détention de substances alimentaires ou médicamenteuses falsifiées ou corrompues, étaient classées parmi les simples contraventions. Au point de vue de la sécurité publique, ce système avait un avantage : une fois la contravention constatée, aucune excuse n'était admissible ; car tel est le caractère de la contravention dans notre droit pénal : elle est un fait matériel, qui, une fois prouvé, doit être puni, sans qu'il y ait lieu de rechercher si l'intention de l'auteur du fait a été coupable ou innocente. Mais cet avantage était compensé par un inconvénient : la peine était trop minime. Souvent, d'ailleurs, il était fâcheux que le juge fût obligé de l'appliquer à des faits évidemment non coupables. Cette aveugle répression perdait par là toute autorité morale, et le marchand condamné pour faits de fraudes ne se regardait pas plus gravement atteint dans sa considération, que le locataire puni de l'amende pour avoir secoué ses tapis par les fenêtres.

La loi de 1851 a fait de ces infractions des délits. L'amende et la prison sont les peines qu'elle leur applique. Elle admet les prévenus à faire valoir les excuses qu'ils peuvent avoir à présenter. Mais les tribunaux se montrent, en général, très-sévères, et à bon droit, quant à l'admission de ces excuses. A en juger par les condamnations qu'enregistrent quotidiennement les journaux, l'influence moralisatrice de la loi de 1851 ne s'est pas encore fait sentir d'une manière bien efficace. C'est qu'elle a à lutter contre les plus étranges aberrations du sens moral.

Rien n'égale la surprise d'un certain nombre d'industriels, en entendant condamner les manipulations dont ils s'étaient fait une douce et productive habitude. Vendre de la chicorée pour du café, et de l'eau pour du lait, leur paraît un droit incontestable. Ils se croient suffisamment justifiés en disant que leurs mélanges sont inoffensifs. Suivant eux, l'acheteur doit être parfaitement satisfait, pourvu qu'ils ne l'empoisonnent pas. Nous les engageons à méditer la loi de 1851, qui leur *prouvera* que l'Assemblée législative n'a pas cru devoir consacrer cette opinion.

Pour nous, nous allons nous attacher à en expliquer les dispositions, mais seulement en ce qui concerne la spécialité de ce livre, c'est-à-dire pour ce qui a rapport à la détention de faux poids et de fausses mesures, à la tentative de délit de tromperie, et à la consommation du délit de tromperie sur la quantité.

XXXV.

Extrait du Code pénal.

Art. 132. Quiconque aura contrefait ou altéré les monnaies d'or ou d'argent ayant cours légal en France, ou participé à l'émission ou exposition desdites monnaies contrefaites ou altérées, ou à leur introduction sur le territoire français, sera puni des travaux forcés à perpétuité.

Art. 133. Celui qui aura contrefait ou altéré des monnaies de billon ou de cuivre ayant cours légal en France, ou participé à l'émission ou exposition desdites monnaies contrefaites ou altérées, ou à leur introduction sur le territoire français, sera puni des travaux forcés à temps.

Art. 134. Tout individu qui aura, en France, contrefait ou altéré des monnaies étrangères, ou participé à l'émission, exposition ou introduction en France de monnaies étrangères contrefaites ou altérées, sera puni des travaux forcés à temps.

Art. 135. La participation énoncée aux précédents articles ne s'applique point à ceux qui, ayant reçu pour bonnes des pièces de monnaie contrefaites ou altérées, les ont remises en circulation.

Toutefois, celui qui aura fait usage desdites pièces après en avoir vérifié ou fait vérifier les vices, sera puni d'une amende triple au moins, et sextuple au plus, de la somme représentée par les pièces qu'il aura rendues à la circulation, sans que cette amende puisse, en aucun cas, être inférieure à seize francs.

Art. 138. Les personnes coupables des crimes mentionnés aux articles 132 et 133 seront exemptes de peine, si, avant la consommation de ces crimes, et avant toutes poursuites, elles en ont donné connaissance et révélé les auteurs aux autorités constituées; ou si, même après les poursuites commencées, elles ont procuré l'arrestation des autres coupables.

Elles pourront néanmoins être mises, pour la vie ou à temps, sous la surveillance spéciale de la haute police.

Art. 140. Ceux qui auront contrefait ou falsifié, soit un ou plusieurs timbres nationaux, soit les marteaux de l'État servant aux marques forestières, soit le poinçon ou les poinçons servant à marquer les matières d'or ou d'argent, ou qui auront fait usage des papiers, effets, timbres, marteaux ou poinçons falsifiés ou contrefaits, seront punis des travaux forcés à temps, dont le *maximum* sera toujours appliqué dans ce cas.

Art. 142. Ceux qui auront contrefait les marques destinées à être apposées, au nom du gouvernement, sur les diverses espèces de denrées ou marchandises, ou qui auront fait usage de ces fausses marques;

Ceux qui auront contrefait le sceau, timbre ou marque d'une autorité quelconque, ou d'un établissement particulier de banque ou de commerce, ou qui auront fait usage des sceaux, timbres ou marques contrefaits, seront punis de la réclusion.

Art. 143. Sera puni de la dégradation civique,

quiconque, s'étant indûment procuré les vrais sceaux, timbres ou marques ayant l'une *des destinations* exprimées en l'article 142, en aura fait une application ou un usage préjudiciable aux droits ou intérêts de l'État, d'une autorité quelconque, ou même d'un établissement particulier.

Art. 163. L'application des peines portées contre ceux qui ont fait usage de monnaies, billets, sceaux, timbres, marteaux, poinçons, marques et écrits faux, contrefaits, fabriqués ou falsifiés, cessera toutes les fois que le faux n'aura pas été connu de la personne qui aura fait usage de la chose fausse.

Art. 164. Il sera prononcé contre les coupables une amende dont le *maximum* pourra être porté jusqu'au quart du bénéfice illégitime que le faux aura procuré, ou était destiné à procurer aux auteurs du crime, à leurs complices ou à ceux qui ont fait usage de la pièce fausse. Le *minimum* de cette amende ne pourra être inférieur à cent francs.

Art. 423. Quiconque aura trompé l'acheteur sur le titre des matières d'or et d'argent, sur la qualité d'une pierre fausse vendue pour fine, sur la nature de toutes marchandises; quiconque, par usage de faux poids ou de fausses mesures, aura trompé sur la quantité des choses vendues, sera puni de l'emprisonnement pendant trois mois au moins, un an au plus, et d'une amende qui ne pourra excéder le quart des restitutions et dommages-intérêts, ni être au-dessous de cinquante francs. Les objets du délit, ou leur valeur, s'ils appartiennent encore au vendeur, seront confisqués. Les faux poids et les fausses mesures seront aussi confisqués, et de plus seront brisés.

Art. 424. Si le vendeur et l'acheteur se sont servis, dans leurs marchés, d'autres poids ou d'autres mesures que ceux qui ont été établis par les lois de l'État, l'acheteur sera privé de toute action contre le vendeur qui l'aura trompé par l'usage de poids ou de mesures prohibés; sans préjudice de l'action publique, pour la punition tant de cette fraude que de l'emploi même des poids et des mesures prohibés.

La peine, en cas de fraude, sera celle portée par l'article précédent.

La peine pour l'emploi des mesures et poids prohibés sera déterminée par le livre IV du présent Code, contenant les peines de simple police.

ART. 463. Les peines prononcées par la loi contre celui ou ceux des accusés reconnus coupables, en faveur de qui le jury aura déclaré des circonstances atténuantes, seront modifiées ainsi qu'il suit :

Si la peine prononcée par la loi est la mort, la cour appliquera la peine des travaux forcés à perpétuité, ou celle des travaux forcés à temps. Néanmoins, s'il s'agit de crimes contre la sûreté extérieure ou intérieure de l'État, la cour appliquera la peine de la déportation ou celle de la détention ; mais dans les cas prévus par les articles 86, 96 et 97, elle appliquera la peine des travaux forcés à perpétuité ou celle des travaux forcés à temps.

Si la peine est celle des travaux forcés à perpétuité, la cour appliquera la peine des travaux forcés à temps, ou celle de la réclusion.

Si la peine est celle de la déportation, la cour appliquera la peine de la détention ou celle du bannissement.

Si la peine est celle des travaux forcés à temps, la cour appliquera la peine de la réclusion ou les dispositions de l'art. 404, sans toutefois pouvoir réduire la durée de l'emprisonnement au-dessous de deux ans.

Si la peine est celle de la réclusion, de la détention, du bannissement ou de la dégradation civique, la cour appliquera les dispositions de l'article 404, sans toutefois pouvoir réduire la durée de l'emprisonnement au-dessous d'un an.

Dans les cas où le Code prononce le *maximum*

d'une peine afflictive, s'il existe des circonstances atténuantes, la cour appliquera le *minimum* de la peine, ou même la peine inférieure.

Dans tous les cas où la peine de l'emprisonnement et celle de l'amende sont prononcées par le Code pénal, si les circonstances paraissent atténuantes, les tribunaux correctionnels sont autorisés, même en cas de récidive, à réduire l'emprisonnement, même au-dessous de six jours, et l'amende, même au-dessous de seize francs. Ils pourront aussi prononcer séparément l'une ou l'autre de ces peines, et même substituer l'amende à l'emprisonnement, sans qu'en aucun cas elle puisse être au-dessous des peines de simple police.

ART. 471. Seront punis d'une amende, depuis un franc jusqu'à cinq francs inclusivement,.... 15° Ceux qui auront contrevenu aux règlements légalement faits par l'autorité administrative, et ceux qui ne se seront pas conformés aux règlements ou arrêtés publiés par l'autorité municipale, en vertu des articles 3 et 4, titre XI, de la loi du 16-24 août 1790, et de l'article 46, titre 1er, de la loi du 19-22 juillet 1791.

ART. 479. Seront punis d'une amende de onze à quinze francs inclusivement,.... 6° Ceux qui emploieront des poids ou des mesures différents de ceux qui sont établis par les lois en vigueur; les boulangers et bouchers qui vendront le pain ou la viande au-delà du prix fixé par la taxe légalement faite et publiée.

ART. 480. Pourra, selon les circonstances, être prononcée la peine d'emprisonnement pendant cinq jours au plus,.... 2° Contre les possesseurs de faux poids et de fausses mesures; 3° Contre ceux qui emploient des poids ou des mesures différents de ceux que la loi en vigueur a établis; contre les boulangers et bouchers, dans les cas prévus par le n° 6 de l'article précédent.

ART. 481. Seront, de plus, saisis et confisqués, 1°

Les faux poids, les fausses mesures, ainsi que les poids et les mesures différents de ceux que la loi a établis.

ART. 482. La peine d'emprisonnement pendant cinq jours aura toujours lieu, pour récidive, contre les personnes et dans les cas mentionnés en l'article 479.

ART. 483. Il y a récidive dans tous les cas prévus par le présent Livre, lorsqu'il a été rendu contre le contrevenant, dans les douze mois précédents, un premier jugement pour contravention de police commise dans le ressort du même tribunal.

L'article 463 du présent Code sera applicable à toutes les contraventions ci-dessus indiquées.

XXXVI.

Loi du 27 mars 1851.

L'Assemblée nationale a adopté la loi dont la teneur suit :

ART. 1er. Seront punis des peines portées en l'article 423 du Code pénal :

1° Ceux qui falsifieront des substances ou denrées alimentaires ou médicamenteuses destinées à être vendues ;

2° Ceux qui vendront ou mettront en vente des substances ou denrées alimentaires ou médicamenteuses qu'ils sauront être falsifiées ou corrompues ;

3° Ceux qui auront trompé ou tenté de tromper, sur la quantité des choses livrées, les personnes auxquelles ils vendent ou achètent ; soit par l'usage de faux poids ou de fausses mesures, ou d'instruments inexacts servant au pesage ou au mesurage ; soit par des manœuvres ou procédés tendant à fausser l'opération du pesage ou mesurage, ou à augmenter frauduleusement le poids ou le volume de la marchandise, même avant cette opération ; soit, enfin, par des indications frauduleuses tendant à faire croire à un pesage ou mesurage antérieur et exact.

Art. 2. Si, dans les cas prévus par l'article 423 du Code pénal ou par l'article 1er de la présente loi, il s'agit d'une marchandise contenant des mixtions nuisibles à la santé, l'amende sera de cinquante à cinq cents francs, à moins que le quart des restitutions et dommages-intérêts n'excède cette dernière somme ; l'emprisonnement sera de trois mois à deux ans.

Le présent article sera applicable, même au cas où la falsification nuisible serait connue de l'acheteur ou consommateur.

Art. 3. Sont punis d'une amende de seize francs à vingt-cinq francs, et d'un emprisonnement de six jours à dix jours, ou de l'une de ces deux peines seulement, suivant les circonstances, ceux qui, sans motifs légitimes, auront dans leurs magasins, boutiques, ateliers ou maisons de commerce, ou dans les halles, foires ou marchés, soit des poids ou mesures faux, ou autres appareils inexacts servant au pesage ou au mesurage, soit des substances alimentaires ou médicamenteuses qu'ils sauront être falsifiées ou corrompues.

Si la substance falsifiée est nuisible à la santé, l'amende pourra être portée à cinquante francs et l'emprisonnement à quinze jours.

Art. 4. Lorsque le prévenu convaincu de contravention à la loi présente ou à l'article 423 du Code pénal, aura, dans les cinq années qui ont précédé le délit, été condamné pour infraction à la présente loi ou à l'article 423, la peine pourra être élevée jusqu'au double du maximum ; l'amende prononcée par l'article 423 et par les articles 1 et 2 de la présente loi, pourra même être portée jusqu'à mille francs, si la moitié des restitutions et dommages-intérêts n'excède pas cette somme ; le tout sans préjudice de l'application, s'il y a lieu, des articles 57 et 58 du Code pénal.

ART. 5. Les objets dont la vente, usage ou possession constitue le délit, seront confisqués, conformément à l'article 423 et aux articles 477 et 481 du Code pénal.

S'ils sont impropres à cet usage, ou nuisibles, les objets seront détruits ou répandus, aux frais du condamné. Le tribunal pourra ordonner que la destruction ou effusion aura lieu devant l'établissement ou le domicile du condamné.

ART. 6. Le tribunal pourra ordonner l'affiche du jugement dans les lieux qu'il désignera, et son insertion intégrale ou par extrait dans tous les journaux qu'il désignera, le tout aux frais du condamné.

ART. 7. L'article 463 du Code pénal sera applicable aux délits prévus par la présente loi.

ART. 8. Les deux tiers du produit des amendes sont attribués aux communes dans lesquelles les délits auront été constatés.

ART. 9. Sont abrogés, les articles 475 § 14, et 479 § 5 du Code pénal.

Par décret du 14 septembre 1851, la loi du 27 mars 1851 a été promulguée en Algérie, et rendue applicable dans la colonie à partir de cette promulgation.

Suivant la loi du 5 mai 1855, les dispositions de la loi du 27 mars 1851 sont applicables aux boissons.

Enfin, par décret du 6 octobre 1855, la loi du 5 mai 1855 a été déclarée exécutoire en Algérie, et y a été promulguée à la suite de ce décret.

XXXVII.

Détention de faux poids et de fausses mesures.

La loi du 27 mars 1851, dont nous avons donné plus haut le texte, punit d'une amende de seize francs à vingt-cinq francs et d'un emprisonnement de six à dix jours, ou de l'une de ces deux peines seulement : « ceux qui, sans motifs légitimes, au- « raient dans leurs magasins, boutiques, ateliers « ou maisons de commerce, ou dans les halles, « foires ou marchés, des poids ou mesures faux, « ou autres appareils inexacts servant au pesage ou « mesurage. » (Art. 3.)

Ce fait était auparavant puni, comme simple contravention, par l'art. 479, n° 5, du Code pénal (1); mais alors il ne pouvait être excusé, le principe général de nos lois répressives étant, comme nous l'avons déjà dit, que toute contravention est punissable du moment où le fait qui la constitue est établi.

Reconnaissant qu'un tel fait pouvait être excusé dans certains cas, comme dans celui où le détenteur d'un instrument en ignore le vice, ou comme dans celui où il prétend trouver une excuse dans l'usage général, auquel il a cru pouvoir se conformer, le législateur a donné au prévenu le droit de se justifier. Mais après avoir accordé ce droit, on devait se montrer plus sévère à l'égard de celui qui ne pouvait parvenir à s'excuser. C'était logique. La détention non excusée de faux instruments de pesage ou de mesurage ayant très-probablement pour but, lors de la vente, de tromper sur la quantité de marchandise, cette infraction devait être élevée à la hauteur d'un délit, et réprimée par une peine correctionnelle. Aussi voyons-nous que, d'après la disposition de la loi nouvelle, le fait est frappé d'une amende de plus de 15 francs et d'un emprisonnement de plus de 5 jours.

(1) Cet article était ainsi conçu : « Seront punis d'une amende « de onze à quinze francs inclusivement............ 5° Ceux qui « auront de faux poids ou de fausses mesures dans leurs ma- « gasins, boutiques, ateliers ou maisons de commerce, ou dans « les halles, foires ou marchés; sans préjudice des peines qui « seront prononcées par les tribunaux de police correctionnelle « contre ceux qui auraient fait usage de ces faux poids ou de ces « fausses mesures. »

« Si l'on a, dit M. Riché dans son rapport, des
« poids et mesures faux, c'est-à-dire trompeurs, à
« portée du siége de la vente, cette possession,
« punie aujourd'hui de peines de simple police, a
« paru à votre commission devoir être réprimée
« un peu plus sévèrement. Elle n'est pas, sans
« doute, mise sur la même ligne que l'usage des
« faux poids; mais elle est le dangereux véhicule
« de cet usage, et ne s'explique guère que comme
« préliminaire de cet usage; en le frappant, on
« préviendra souvent cet usage, difficile à sai-
« sir. »

Il résulte, selon nous, du texte et de l'esprit de
l'art. 3, que c'est au prévenu à établir sa justifica-
tion, c'est-à-dire les motifs légitimes d'une détention justement regardée comme suspecte. Car, lorsqu'un marchand est surpris en possession de faux
poids ou de fausses mesures, cela doit évidemment
faire présumer qu'il compte en faire usage pour
tromper sur la quantité de marchandise, faire présumer, en un mot, qu'il est de mauvaise foi. C'est
à la défense à prouver le contraire.

Du reste, il existe bien rarement des motifs légitimes d'excuse.

La loi ayant voulu éviter toute possibilité de
frauder, ce ne serait pas une excuse pour un marchand, poursuivi pour détention d'instruments de
pesage ou de mesurage inexacts, de prétendre
qu'à chaque pesée il tient compte à l'acheteur de la
différence résultant de l'irrégularité de l'appareil
employé. La cour de Bourges l'a ainsi décidé par
arrêt du 9 avril 1853, arrêt approuvé avec raison
sans réserve par M. Dalloz.

Il importe peu que le poids faux, ou inexact,
selon l'addition faite par la loi du 27 mars 1851,
appartienne à l'ancien système. Ainsi, lorsqu'un
poids à l'ancien système (une livre) saisi chez un
marchand se trouve être inexact, il y a lieu d'appliquer les peines correctionnelles édictées par l'ar-

ticle 3 de la loi précitée, contre toute détention de
faux poids, sans distinction entre l'ancien et le nouveau système. La cour d'Orléans l'a ainsi décidé
par arrêt du 10 novembre 1852.

Mais si la loi a voulu punir sévèrement la détention de poids et mesures faux, sans distinction entre l'ancien et le nouveau système, elle n'a pas entendu pour cela frapper comme un délit la détention
de poids et mesures seulement *irréguliers, illégaux,*
ou *non poinçonnés.* « Attendu, dit sur ce point im-
« portant la Cour de cassation dans un arrêt du 26
« août 1852, que si l'article 3 de la loi du 27 mars
« 1851 prononce des peines correctionnelles con-
« tre ceux qui, sans motifs légitimes, auront dans
« leurs magasins, boutiques, ateliers ou maisons
« de commerce, ou dans les halles, foires et mar-
« chés, des poids et mesures faux, et si l'art. 9 de
« la même loi déclare abrogé l'art. 479, n° 5, du
« Code pénal, ces dispositions ont pour objet, non
« de faire observer le système métrique, mais de
« réprimer les fraudes dans les ventes de marchan-
« dises. Attendu qu'il en résulte que la simple dé-
« tention de mesures non décimales ou de mesures
« décimales non poinçonnées par l'administration,
« assimilée à leur emploi par l'article 4 de la loi
« du 4 juillet 1837, rentre dans l'application du n°
« 6 de l'article 479 du Code pénal. »

Pour bien comprendre la signification de cet arrêt, il ne faut pas perdre de vue que la jurisprudence
antérieure à la loi de 1851 considérait comme
faux, dans le sens de l'article 479 du Code pénal,
les poids et mesures anciens dont l'usage était prohibé, et les poids et mesures légaux non revêtus
de la marque de la vérification.

« Ces fictions, qui n'auraient pas dû être ad-
« mises en matières pénales, dit M. Dalloz, doi-
« vent être complètement repoussées aujourd'hui.
« Car, que doit-on entendre par poids et mesures
« faux ?

« La nature des choses ne permet pas de consi-
« dérer comme tels des instruments qui, sans pré-
« senter dans leur extérieur toute l'apparence de
« poids et mesures légaux, ont cependant la pesan-
« teur ou la contenance indiquée par le nom qu'ils
« portent. »

Donc, en résumé, la détention sans motifs légitimes de poids et mesures faux, sans distinction
entre l'ancien et le nouveau système, dans des magasins, boutiques ou ateliers, ou dans les halles,
foires et marchés, est prévue par l'article 3 de la
loi du 27 mars 1851 : elle constitue un délit puni
d'une amende de 16 fr. à 25 fr., et d'un emprisonnement de six à dix jours, ou de l'une de ces deux
peines seulement.

La détention de poids et mesures non frauduleux,
mais irréguliers en ce qu'ils ne présentent pas tous
les caractères exigés par les lois et règlements constitutifs du système métrique, est prévue par l'article 479, n° 6, du Code pénal : elle constitue une
simple contravention, punie d'une amende de 11 à
15 francs.

XXXVIII.

Tentative de délit de tromperie sur la quantité.

La loi du 27 mars 1851 punit la tentative de
tromperie comme la tromperie elle-même, qu'elle
provienne du fait de l'acheteur ou du fait du vendeur.

Ainsi, l'article 1er, § 3, de cette loi, frappe des
peines de l'article 423 : « Ceux qui auront trompé
« ou *tenté de tromper*, sur la quantité des choses
« livrées, les personnes auxquelles ils vendent ou
« achètent, soit par l'usage de faux poids ou de
« fausses mesures, etc... »

On lit sur ce point, dans le rapport de M. Riché :

« Les tentatives de filouterie, d'escroquerie, sont
« assimilées au fait accompli. L'équité, d'accord
« avec le besoin d'une répression plus facile, nous
« ont conduits à vous proposer d'étendre cette rè-
« gle à la tentative de tromperie par faux poids ou
« mesures. Celui qui tend un piége à l'acheteur
« n'est pas plus honorable parce que l'acheteur a
« été clairvoyant ou que la police est intervenue.
« On essaiera moins souvent quand on n'essaiera
« plus impunément. »

D'où il suit que la tentative est entièrement assimilée au fait lui-même, chaque fois qu'elle revêt
les caractères constitutifs de la tentative du délit de
tromperie sur la quantité de la marchandise.

Mais quels sont ces caractères? C'est là une question grave, diversement appréciée par les tribunaux.
Voici la solution qu'en donne M. Victor Emion,
avocat à la cour impériale de Paris, à qui nous em-
pruntons textuellement tout ce qui suit de ce chapitre.

Plusieurs arrêts récents décident que l'exposition
en vente d'objets n'ayant pas le poids indiqué par
leur forme, constitue la tentative de tromperie sur
la quantité de la chose vendue. (Arrêts : d'Orléans,
11 novembre 1851 ;—de cassation, 6 octobre 1854;
— de Metz, 15 novembre 1854).

On soutient que si les tentatives de crime ne peuvent exister qu'à la condition de présenter les caractères déterminés par l'article 2 du Code pénal (1),
il n'en est pas de même des tentatives de délit pour
lesquelles le Code renvoie aux lois particulières; et
dont les caractères constitutifs sont souveraine-
ment appréciés par les tribunaux. On ajoute que,
relativement à la loi de 1851, le doute n'est pas

(1) Cet article est ainsi conçu : « Toute tentative de crime qui
« aura été manifestée par un commencement d'exécution, si elle
« n'a été suspendue ou si elle n'a manqué son effet que par des
« circonstances indépendantes de la volonté de son auteur, est
« considérée comme le crime même. »

permis. « En effet, dit l'arrêt de la cour d'Orléans,
« en assimilant la tentative de tromperie à la trom-
« perie même, le législateur révèle suffisamment
« son intention de surprendre les félonies mercan-
« tiles avant qu'elles n'aient produit leur effet, mais
« quand la volonté préméditée et manifeste de les
« commettre n'attend que l'occasion et la provoque
« ostensiblement. — Que l'exposition dans les bou-
« tiques d'un objet nécessairement destiné à la
« vente et même à une vente immédiate et pro-
« chaine, avec connaissance que cet objet n'a pas
« le poids indiqué par sa forme, dès lors avec in-
« dication frauduleuse, doit être assimilée aux
« tentatives... »

Nous ne pouvons, pour notre part, adopter une
telle solution.

D'abord, au point de vue des principes généraux, nous croyons que les tentatives de délit doivent, comme les tentatives de crime, réunir, pour
être punissables, les caractères énoncés en l'article
2 du Code pénal, excepté, bien entendu, dans les
cas spéciaux où la loi en a prononcé autrement. En
effet, comme le dit avec beaucoup de raison M.
Carnot, « il serait absurde d'imaginer que la ten-
« tative du crime pourrait être plus favorisée que
« la tentative des simples délits. »

Au point de vue spécial de la tentative de tromperie sur la quantité de la chose vendue, nous se-
rions encore plus affirmatif, s'il est possible, les
termes dont s'est servi le législateur étant trop précis, selon nous, pour permettre le doute. (Voir,
en ce sens, un arrêt de la cour de Nancy, du 14
août 1854.)

En effet, on voit que si, dans sa pensée, l'exposition en vente constitue à elle seule la tentative de
tromperie lorsqu'il s'agit d'objets falsifiés ou corrompus, il n'en est pas de même lorsqu'il s'agit de
la tentative de tromperie sur la quantité. Il suffit,
pour s'en convaincre, de se reporter aux trois pre-

miers paragraphes, ainsi conçus, de l'article 1er :
« Seront punis des peines portées par l'art. 423 du
« Code pénal : —1° Ceux qui falsifieront des subs-
« tances ou denrées alimentaires ou médicamen-
« teuses *destinées à être vendues;* —2° Ceux qui ven-
« dront ou *mettront en vente* des substances ou
« denrées alimentaires ou médicamenteuses qu'ils
« sauront être falsifiées ou corrompues ; —3° Ceux
« qui auront trompé ou tenté de tromper, sur la
« quantité *des choses livrées,* les personnes aux-
« quelles *ils vendent ou achètent.* »

Il est vrai que, d'après la Cour de cassation,
cette différence de rédaction n'aurait aucune importance : « Attendu, dit l'arrêt du 6 octobre 1854,
« que si le § 2 de la loi précitée n'est pas conçu
« dans les mêmes termes que le § 3, cette diffé-
« rence provient uniquement de ce que chacun
« de ces paragraphes a été destiné à développer
« des dispositions existantes et distinctes entre
« elles. »

Mais à cela nous répondrons que là n'est pas la
question : il faut se demander si les mots ont un
sens, et si l'on doit accuser le législateur d'avoir
servilement copié des dispositions anciennes, sans
en peser la portée.

Nous croyons que c'est avec intention que le législateur de 1854 a établi cette différence entre la
rédaction des divers paragraphes de l'article 1er.
En effet, quel est le but de la loi nouvelle ? « C'est,
« comme l'a dit M. Riché dans son rapport,
« de punir la fraude, rien que la fraude. » Or,
il y a fraude dès qu'il y a falsification de substances destinées à être vendues, ou simple mise en
vente d'objets que l'on sait être falsifiés ou corrompus : car il est impossible au marchand de
vendre ces objets autrement que falsifiés ou corrompus ; l'intention de tromper l'acheteur est donc
suffisamment manifestée par l'exposition en vente.
Dans le cas, au contraire, d'objets mis en vente

quoique n'ayant pas le poids indiqué par leur forme, il n'y a intention manifeste de tromper l'acheteur qu'au moment de la vente ; jusque-là, le marchand peut vouloir tenir compte à l'acheteur du défaut de poids, en lui vendant au poids et non à la forme.

Aussi voyons-nous le législateur changer dans ce dernier cas de langage, et, abandonnant les termes de marchandises *destinées à être vendues*, décider, au contraire, qu'il y aura fraude punissable de la part de ceux « qui auront trompé ou tenté de trom- « per sur la quantité des marchandises *livrées* aux « personnes auxquelles *ils vendent ou achètent*. »

C'est là, selon nous, la seule interprétation que fournissent le texte et l'esprit de la loi, ainsi que la logique des idées.

XXXIX.

Consommation du délit de tromperie sur la quantité.

Si nous reprenons le § 3 de l'art. 1er de la loi du 27 mars 1851, nous voyons que la tromperie, comme la tentative de tromperie, est punissable, qu'elle soit commise par l'acheteur ou par le vendeur.

Aux termes du paragraphe dont il s'agit, le délit de tromperie sur la quantité se commet :

1° Soit par l'usage de faux poids ou de fausses mesures ou d'instruments inexacts servant au pesage ou mesurage ;

2° Soit par des manœuvres ou procédés tendant à fausser l'opération du pesage ou mesurage, ou à augmenter frauduleusement le poids ou le volume de la marchandise avant cette opération ;

3° Soit, enfin, par des indications frauduleuses tendant à faire croire à un pesage ou mesurage antérieur et exact.

Par arrêt du 7 février 1856, la Cour de cassation

a jugé qu'il suffit qu'un seul de ces trois moyens ait été employé, pour qu'il y ait lieu de prononcer contre le prévenu les peines édictées par cet article, dont la rédaction, du reste, ne laisse aucun doute à cet égard, attendu qu'il est parfaitement clair que le mot répété *soit* est mis pour la conjonction alternative *ou*.

Nous avons vu précédemment ce que l'on doit entendre par instruments de pesage ou de mesurage faux. Ce sont des appareils, nous le répétons, qui n'ont pas la pesanteur ou la contenance indiquée par le nom qu'ils portent, sans distinction entre l'ancien et le nouveau système. Il y a donc tromperie d'après le premier moyen, quand il est fait usage de poids qui n'ont pas la pesanteur exigée par la loi, ou d'une mesure qui n'a pas la capacité fixée par les règlements. Il y a également tromperie, suivant ce moyen, quand le marchand se sert d'un instrument inexact, comme d'une balance dont un plateau serait plus lourd que l'autre ; d'une bascule qui ne serait pas établie de manière à donner un rapport exact de 1 à 10 , quel que soit le poids dont on charge le tablier, ou, enfin, d'une romaine munie d'un poids curseur pesant plus ou moins que celui à l'aide duquel elle a été étalonnée.

Le second moyen de tromperie est mis en usage: 1° quand un marchand, quoique muni d'une balance exacte, fausse cependant l'opération du pesage en suspendant l'instrument sur une table non placée horizontalement, afin d'empêcher un plateau de s'abaisser autant que l'autre ; ou quand, pour le même motif, il met, sous le plateau destiné à recevoir la marchandise, un objet plat, facile à dissimuler ; ou, encore, quand l'instrument, quel qu'il soit, placé par lui dans un coin ou contre un mur, n'est pas libre dans ses oscillations. L'emploi, dans une opération, d'un instrument qui n'y est pas essentiellement affecté, nous semble être un moyen de tromperie du même genre, comme de peser en détail sur une bascule, de mesurer des graines avec une mesure destinée au service des liquides, etc.; 2° lorsque, comme le dit le rapport de M. Riché, « le marchand invoque, au moyen de « la ruse, le secours d'une humidité tout à fait « artificielle. » Ce qui aurait nécessairement lieu si, par exemple, du blé, avant d'être mesuré, de la laine, avant d'être pesée, étaient, par le fait du vendeur, imprégnés d'une plus ou moins grande quantité d'eau.

Ainsi on emploie, dans certain pays, un moyen de ce genre pour tromper les marchands de laines sur le poids de la toison qu'on leur vend. Ce procédé consiste à pousser les moutons au *suint* au moment de la tonte. A cet effet, on les accumule, au mois de juin, dans des bergeries hermétiquement fermées, et l'épaisse toison du mérinos se charge, par trans-sudation, d'une certaine quantité de suint qui en augmente le poids quelquefois dans la proportion de 8 à 10 pour 100. C'est là évidemment un fait rentrant sous l'application de la loi pénale.

Le troisième et dernier moyen de tromperie sur la quantité, résulte d'indications frauduleuses ten-dant à faire croire à un pesage ou mesurage anté-rieur et exact.

Voici comment M. Riché s'exprime, dans son rapport, sur ce moyen de tromperie :

« Sans opération matérielle de pesage ou de me-« surage, il peut y avoir des fraudes que la pré-« fecture de police a signalées à l'attention de votre « commission. Il est des marchandises dont le « poids est présumé d'après le nombre qui com-« pose leur collection (comme la chandelle), d'a-« près leur nom, d'après certaines indications. Si « le marchand vend, sachant que ces signes sont « fallacieux, il dérobe une partie du poids dont « ces signes étaient l'expression. Dans d'autres cas, « la facture peut chercher à persuader l'existence

« d'un pesage ou mesurage antérieur et exact, base
« du prix ; soit qu'elle veuille couvrir le déficit ou
« échapper au contrôle, cette espèce d'escroquerie
« est vraiment une vente à faux poids.

La Cour de cassation a décidé par deux arrêts,
des 27 et 28 avril 1855, que les indications frauduleuses dont parle la loi, ne peuvent résulter que
d'*indications matérielles* annonçant un pesage antérieur et exact, et non de simples mensonges de nature à induire l'acheteur en erreur, et que l'on ne
saurait voir l'indication frauduleuse exigée par la
loi « dans le fait du vendeur de mettre la marchan-
« dise dans un sac qu'il prétend contenir telle quan-
« tité déterminée, lorsque ce sac n'est ni une me-
« sure légale, ni d'un usage local. »

Mais il y a indications frauduleuses pouvant devenir l'élément du délit de tromperie :

Lorsque l'orfèvre met sur des couverts la marque
d'une quantité d'argenture plus considérable que
celle qui existe réellement (Arrêt de Bordeaux du
18 février 1853);

Lorsque les bottes de foin, de paille, etc., ne
pèsent pas le poids déterminé par les règlements
(Ces règlements déterminent ainsi qu'il suit, dans
le rayon de Paris, le poids des fourrages : pour le
foin, la luzerne, le trèfle, de la récolte au 1er octobre, 6 k^{kilog}, 50 ; du 1er octobre au 1er avril, 5 k^{kilog},
50 ; du 1er avril à la récolte, 5 kilogrammes. Pour
la paille, en tout temps, 5 kilogrammes);

Lorsque la bouteille qui doit contenir un litre ne
le contient pas réellement, comme dans le cas où
un liquoriste se servirait du mot *litre* dans une
facture, et que les bouteilles expédiées par lui n'auraient pas exactement cette capacité;

Lorsque les paquets de bougies et de chandelles,
vendus comme pesant un demi-kilogramme, ne le
pèsent pas, et cela encore bien que l'indication du
poids ne se trouve pas sur le paquet (Cassation, 14
avril 1855);

Lorsque des pains accusant par leur forme un poids de 1, 2, 3 kilogrammes, par exemple, n'ont cependant pas ce poids; mais seulement dans les localités où les pains se vendent sans être pesés au moment de la livraison (Arrêts : de Bourges, 18 juillet 1851; — d'Orléans, 11 novembre 1851; — de Bordeaux, 3 août 1853 ; — de cassation, 4 février et 30 juin 1854);

Enfin, toutes les fois qu'il y a l'apparence et la forme déterminées, soit par la loi, soit par des arrêtés de police.

La tromperie, comme la tentative de tromperie, disions-nous en commençant ce chapitre, est punissable, qu'elle soit commise par l'acheteur ou par le vendeur.

Mais dans quel cas l'acheteur se rend-il coupable de ce délit ?

« Votre commission, disait M. Riché dans son « rapport, a essayé de rendre la rédaction de l'ar- « ticle 423 applicable non-seulement au cas de l'a- « cheteur, mais aussi du vendeur trompé. Celui-ci « peut éprouver un préjudice, quand, par exemple, « il apporte des matières chez l'acheteur, et que, « par le méfait de celui-ci, le pesage est infidèle. »

Aussi l'art. 1er, no 3, de la loi du 27 mars 1851, frappe-t-il des peines de l'art. 423 du Code pénal : « ceux qui auront trompé ou tenté de tromper, sur la quantité des choses livrées, les personnes auxquelles ils vendent ou *achètent*, etc. »

XL.

Nomenclature des infractions.

Suivant la législation nouvelle et la jurisprudence de la Cour de cassation, les infractions, en matière de poids et mesures, doivent être ainsi classées:

1re *classe*. — Usage d'instruments de pesage et de mesurage faux et inexacts, poinçonnés ou non, et appartenant à l'ancien ou au nouveau système. (Art. 1er, § 3, et art. 5 de la loi du 27 mars 1851.)

2e *classe*. — Possession des mêmes instruments dans les magasins, boutiques, ateliers, maisons de commerce, halles, foires et marchés. (Art. 3 et 5 de la loi du 27 mars 1851.)

3e *classe*. — Emploi ou possession des poids, mesures et instruments de pesage non frauduleux, mais différents de ceux qui sont établis par les lois en vigueur. (Art. 479, n° 6; 480, n° 3, et 481, n° 4, du Code pénal.)

Sont expressément compris dans cette classe : 1° les instruments non revêtus des marques prescrites par un règlement administratif, et qui, par le fait, sont dépourvus de la seule preuve que les tribunaux puissent reconnaître de leur légalité ; 2° les poids et mesures à l'ancien système, les romaines non oscillantes et tous les instruments de pesage qui n'auraient pas la sensibilité réglementaire.

4e *classe*. — Infractions aux règlements de l'autorité administrative en matière de poids et mesures. (Art. 471, n° 15, du Code pénal.)

Le défaut d'assortiment obligatoire ; le refus d'obtempérer aux visites et vérifications prescrites; l'exposition en vente d'instruments de pesage et mesurage non poinçonnés (arrêt de la Cour de cassation, du 22 décembre 1820); la suspension de la balance au-dessous de la hauteur fixée, et généralement toutes les précautions générales et locales régulièrement ordonnées, rentrent dans la classe des infractions qui ne sont pas spécialement prévues par les lois et règlements généraux sur la matière.

5e *classe*. — Fabrication et importation en France d'anciennes mesures. (Art. 24 de la loi du 18 germinal an III.)

Les balances venant de l'étranger ne peuvent être considérées comme anciennes mesures. La nature de ces instruments n'admet pas cette qualification; mais, quelle que soit leur origine, elles ne peuvent être exposées en vente sans avoir été préalablement soumises à la vérification première.

Quant aux romaines, représentatives de l'ancien poids, l'assimilation aux anciennes mesures ne saurait être contestée.

La circonstance que des poids et mesures anciens seraient destinés à l'exportation, pourrait-elle être un moyen d'excuse? — Il a d'abord été décidé, dans le sens de la négative, que celui dans le magasin duquel ont été trouvées des mesures anciennes dites *pieds de roi*, lesquelles mesures doivent être réputées irrégulières, aux termes des lois, ne peut être exempt des peines portées par l'art. 479 du Code pénal, sous le prétexte qu'elles étaient destinées à l'étranger. (Cassation, 9 août 1828.)

Mais, sur un pourvoi dans la même affaire, il a été jugé, en sens contraire, que les dispositions des lois relatives aux poids et mesures ne sont point applicables aux poids et mesures destinés, non pour en être fait usage en France, mais pour une expédition à l'étranger; qu'en conséquence, le marchand dans les magasins duquel ont été trouvés exposés, soit des poids non contrôlés, soit des mesures anciennes, doit être renvoyé de la plainte, s'il est constaté que ces objets étaient véritablement destinés pour une exportation. (Cassation, chambres réunies, 17 juin 1829.)

6ᵉ *classe.*—Contrefaçon et usage des marques ou poinçons autorisés pour le service des poids et mesures, sauf le cas où le faux n'aurait pas été connu de la personne qui aurait fait usage de la chose fausse. (Art. 142, 163 et 164 du Code pénal.)

7ᵉ *classe.* — Application ou usage préjudiciable des marques et poinçons, mais par quiconque se les serait indûment procurés. (Art. 143 du Code pénal.

XLI.

Mentions des poids et mesures dans les actes publics et privés, dans les affiches, les annonces, etc.

Les contraventions prévues et réprimées par l'article 5 de la loi du 4 juillet 1837, n'ont pas été classées parmi celles dont nous avons donné la nomenclature dans le chapitre précédent, parce que, comme on va le voir, elles en diffèrent essentiellement par leur nature et par le mode suivi dans leur répression.

Dès l'instant où le système métrique a été rendu obligatoire, il a été enjoint, sous peine d'amende, aux notaires et aux officiers publics, d'exprimer en mesures nouvelles les quantités à énoncer dans leurs actes. Cette injonction a été renouvelée d'une manière générale par la loi du 4 juillet 1837, dont l'article 5 est ainsi conçu :

« A compter de la même époque (1er janvier
« 1840), toutes dénominations de poids et mesures
« autres que celles portées dans le tableau annexé
« à la présente loi, et établies par la loi du 18 ger-
« minal an III, sont interdites dans les actes pu-
« blics, ainsi que dans les affiches et les annonces.
« Elles sont également interdites dans les actes
« sous seing privé, les registres de commerce et
« autres écritures privées, produits en justice.
« Les officiers publics contrevenants seront pas-
« sibles d'une amende de vingt francs, qui sera re-
« couvrée sur contrainte comme en matière d'en-
« registrement.
« L'amende sera de dix francs pour les autres
« contrevenants ; elle sera perçue pour chaque acte
« ou écriture sous signature privée ; quant aux re-
« gistres de commerce, ils ne donneront lieu qu'à
« une seule amende pour chaque contestation dans
« laquelle ils seront produits. »

Il n'y a de mesures légales que celles dont la nomenclature a été fixée par les lois fondamentales des 18 germinal an III et 4 juillet 1837. La mention de toute autre dans un acte notarié, constitue une infraction punie d'une amende de vingt francs.

Toutefois, le notaire qui reçoit un testament étant obligé, aux termes de l'article 972 du Code Napoléon (1), d'écrire textuellement ce que lui dicte le testateur, celui qui exprime, sous la dictée de celui-ci, le résultat de l'évaluation d'une quantité en mesures ou en poids anciens, ne commet point de contravention. (Délibération du conseil d'administration, du 25 janvier 1833.)

Les fractions décimales, de même que les unités principales dont elles sont des parties, doivent seules figurer dans les écritures publiques ou privées. Chacun étant libre, ainsi que nous l'avons déjà dit, d'adopter comme base de marché, toute unité, multiple ou sous-multiple des poids et mesures établis par la loi, on peut énoncer 10 hectogrammes au lieu de un kilogramme ; 1,000 mètres pour un kilomètre ; 100 ares pour un hectare ; 1,000 décimètres cubes pour un mètre cube ; 10 décilitres pour un litre ; etc. Mais, sauf l'exception prévue par l'article 8 de la loi du 18 germinal an III, reproduit à la fin du tableau annexé à la loi du 4 juillet 1837, il ne serait pas permis de se servir, dans un acte, de la dénomination de *trois quarts d'hectolitre*, au lieu de $0^{\text{hectol}},75$, ou de $7^{\text{décal}},5$; de celle de *trois huitièmes d'hectolitre*, pour $0^{\text{hectol}},375$, ou pour $3^{\text{décal}},75$, ou enfin pour $37^{\text{l}},50$; de celle de *un mètre un tiers*, pour $1^{\text{m}},333$; etc. (Tribunal de Lisieux, 23 décembre 1842.)

_____

(1) Cet article est ainsi conçu : « Si le testament est reçu par
« deux notaires, il leur est dicté par le testateur, et il doit être
« écrit par l'un de ces notaires, tel qu'il est dicté.
« S'il n'y a qu'un notaire, il doit également être dicté par le tes-
« tateur, et écrit par ce notaire.
« Dans l'un et l'autre cas, il doit en être donné lecture au testa-
« teur en présence des témoins.
« Il est fait du tout mention expresse. »

Cependant, on ne contrevient pas à la loi sur les poids et mesures en se servant, dans un acte, des expressions *sillons*, *rangs*, attendu que ces mots, qui ne représentent pas d'ailleurs l'idée d'une contenance déterminée de *terres* ou de *vignes*, ne doivent être considérés que comme des termes d'agriculture dont la loi ne pouvait proscrire l'usage. (Tribunal de St-Jean-d'Angély, 23 juillet 1840.)

Il faut en dire autant des dénominations qui s'appliquent à un vaisseau ou à une quantité quelconque dont la mesure et le poids ne sont pas déterminés: comme une bouteille, un tonneau, un baril de vin; une voiture, une charge de foin, etc.; enfin, de toutes les expressions qui ne déterminent pas expressément une certaine quantité fixe de poids et mesures. (Tribunal d'Avesnes, 8 août 1854.)

Avant la loi du 4 juillet 1837, il était permis, après avoir exprimé une quantité en nouvelles mesures, d'en donner la traduction en mesures anciennes. Aujourd'hui cette traduction est formellement interdite; ce qui résulte de ces mots de l'article 5 de la loi précitée: « toutes dénominations de poids et mesures autres que celles portées dans le tableau annexé à la présente loi, sont interdites. »

Les officiers publics peuvent, sans contravention, reproduire dans les copies, extraits ou analyses d'actes antérieurs au 1er janvier 1840, les anciennes dénominations de poids, mesures et monnaies, à la condition d'indiquer dans l'acte nouveau qu'en employant les anciennes dénominations, on analyse l'acte ancien. (Instructions de la régie, du 20 août 1842.)

Les dénominations anciennes sont également interdites dans les affiches et les annonces, par le même article 5 de la loi du 4 juillet 1837, sous peine d'une amende de dix francs. Il est donc défendu d'employer dans les affiches et les annonces, d'autres expressions monétaires, par exemple, que le franc, le décime, le centime. Conséquemment, il y a contravention de la part d'un marchand qui expose dans son magasin des marchandises avec des étiquettes exprimant leur prix en *sous*. (Cassation, 17 avril 1841.)

Les dénominations de poids et mesures autres que celles des poids et mesures décimaux sont encore interdites dans tous les cas, et notamment sur la voie publique et dans les ventes aux enchères. (Circulaire ministérielle du 30 août 1839.)

Enfin, elles sont interdites dans les actes privés, lorsque ces actes sont produits à l'appui de prétentions sur lesquelles la justice est appelée à prononcer.

Le montant des amendes encourues par les officiers publics pour contravention à l'article 5 de la loi du 4 juillet 1837, est exigible aussitôt que l'infraction est connue, c'est-à-dire au moment même où l'acte entaché d'illégalité est soumis à la formalité de l'enregistrement.

Les contraventions à l'article 5 de la loi du 4 juillet 1837, en ce qui concerne les affiches et les annonces, sont constatées par les maires, leurs adjoints et les officiers de police, ou signalées par les vérificateurs au receveur de l'enregistrement, chargé de la poursuite. L'amende encourue, dans ce cas, est aussi exigible aussitôt que la contravention est dénoncée.

Pour les actes sous seing privé, les registres de commerce et autres écritures, au contraire, la contravention ne devient punissable que du moment où ces actes, registres ou écritures sont produits en justice. Il suit de là que la simple présentation à l'enregistrement d'un acte sous seing privé contenant des dénominations illégales, ne pourrait donner lieu à aucune poursuite.

Enfin, suivant l'article 6 de la loi du 4 juillet 1837, il est défendu aux juges et arbitres de rendre aucun jugement ou décision en faveur des particuliers, sur des actes, registres ou écrits dans lesquels les dénominations interdites par l'article précédent auraient été insérées, avant que les amendes encourues aux termes dudit article aient été payées.

L'amende encourue pour contravention à l'article 5 de la loi du 4 juillet 1837, est recouvrée sur contrainte. L'opposition à la contrainte doit être portée devant le tribunal civil.

Les tribunaux de police ne sont pas compétents pour réprimer les contraventions à l'article 5 de la loi du 4 juillet 1837. C'est aux receveurs d'enregistrement et par voie de contrainte, qu'il appartient de poursuivre les contrevenants. (Cassation, 30 mai 1844.)

En admettant que l'annonce verbale, par cri sur la voie publique, de marchandises vendues avec des dénominations d'anciennes mesures, *à tant l'aune*, par exemple, constitue une contravention à l'art. 5 de la loi du 4 juillet 1837, c'est au tribunal civil et non au tribunal de simple police qu'il appartient d'en connaître. (Cassation, 1er avril 1848.)

FIN.

⸙

ERRATA.

FAUTES ESSENTIELLES A CORRIGER.

Page 136, ligne 35, au lieu de : 9m. carrés,645, *lisez* : 9m. cubes,645.

Page 139, ligne 32, au lieu de : 3m. carrés,288997, *lisez* : 3m. cubes,288997.

Page 183, dernière ligne, au lieu de : Ce n'est pas, loin de là, *lisez* : Ce n'est, loin de là.

TABLE DES MATIÈRES.

		Pages.
Préface		5

PREMIÈRE PARTIE.

Législation.

I.	Notions préliminaires sur les mesures	9
II.	Considérations historiques	12
III.	Considérations scientifiques	15
IV.	Avenir du système métrique	17
V.	Décret du 8 mai 1790	20
VI.	Décret du 26-30 mars 1791	21
VII.	Décret du 1er août 1793	22
VIII.	Loi du 18 germinal an III	22
IX.	Loi du 19 frimaire an VIII	27
X.	Décret du 12 février 1812	28
XI.	Loi du 4 juillet 1837	29
XII.	Extrait de l'ordonnance du 17 avril 1839	33
XIII.	Observations sur la législation	45

DEUXIÈME PARTIE.

Règlementation.

XIV.	Considérations générales	48
XV.	Ordonnance du 16 juin 1839	50
XVI.	N° 1.—Mesures de longueur	52
XVII.	N° 2.—Mesures de capacité pour les matières sèches	53
XVIII.	N° 3.—Mesures de capacité pour les liquides	54
XIX.	N° 4.—Poids en fer	56
XX.	N° 5.—Poids en cuivre	57
XXI.	N° 6.—Instruments de pesage	59
XXII.	N° 7.—Instruments de mesurage	61
XXIII.	N° 8.—Monnaies	62
XXIV.	Additions et modifications :	
	1.—Mesures à huile	66
	2.—Décision ministérielle du 2 mai 1840	67
	3.— Id. du 4 juin 1844	67
	4.—Décret du 5 novembre 1852	68

230 TABLE DES MATIÈRES.

XXIV. 5.— Décision ministérielle du 27 novembre 1852 69
       6.—   Id.   du 18 mars 1853.... 69
       7.—   Id.   du 5 août 1854...... 70
       8.—   Id.   du 25 août 1855..... 70
       9.—   Id.   des 22 mai et 15 oc-
                                tobre 1855........ 71
      10.—   Id.   du 25 mai 1856...... 72
      11.—   Id.   du 5 juin 1856...... 73
      12.— Décret du 3 octobre 1856 73
      13.— Décret du 14 juillet 1857................. 74
      14.— Décision ministérielle du 18 novembre 1857 74
XXV. Dispositions règlementaires spéciales :
       1.— Remarques préliminaires................. 75
       2.— Surveillance publique.................. 78
       3.— Minimum obligatoire et professions assu-
                jetties............................. 79
       4.— Marque annuelle....................... 83
       5.— Rajustages ....,............... 84
       6.— Visites périodiques.................... 87
       7.— Suspension des balances................ 88
       8.— Conservation des poids et mesures...... 90
       9.— Remarques générales sur la conservation
                des poids et mesures............... 93
      10.— Détention des poids et mesures.......... 95
      11.— Inspection sur le débit au poids et à la me-
                sure.............................. 97
      12.— Droits de vérification.................. 99
      13.— Fabrication des poids et mesures........ 102

TROISIÈME PARTIE.

Pratique.

XXVI.   Principes généraux...................... 108
XXVII. Mesurer une longueur :
         1.— Pratique du mesurage................ 116
         2.— Observations sur l'emploi des différentes
                sortes de mesures linéaires.......... 120
XXVIII. Mesurer une surface :
         1.— Principes spéciaux.................. 123
         2.— Applications diverses................ 125
XXIX.   Mesurer un solide :
         1.— Bois de chauffage................... 128
         2.— Observations sur l'emploi des mesures ser-
                vant au mesurage des bois à brûler.... 132
         3.— Bois de construction................ 136
XXX.   Mesurer des matières sèches :
         1.— Pratique du mesurage............... 140

XXX.   2. — Principes spéciaux......................... 142
          3. — Rapport du prix de l'hectolitre de grains
                 au prix du quintal métrique............ 144
          4. — Mesurage des graines de diverses formes
                 et grosseurs.......................... 146
XXXI.   Mesurer un liquide :
          1. — Pratique du mesurage.................. 149
          2. — Applications diverses.................. 152
          3. — Contenance des fûts et des bouteilles... 157
          4. — Jauges des fûts et futaillés pour les liquides 159
XXXII. Peser un corps :
          1. — Principes spéciaux.................... 162
          2. — Balance à bras égaux................. 164
          3. — Balance-bascule...................... 170
          4. — Bascule romaine 171
          5. — Bascule en l'air 173
          6. — Balance Roberval..................... 174
          7. — Romaine 176
XXXIII. Compter une somme :
          1. — Principes spéciaux.................... 180
          2. — Calcul des espèces monétaires......... 183
          3. — Calcul de la vente en détail.......... 189
          4. — Calcul des factures.................. 195

QUATRIÈME PARTIE,

Pénalité.

XXXIV.   Considérations générales.................... 198
XXXV.   Extrait du Code pénal...................... 202
XXXVI.   Loi du 27 mars 1851 207
XXXVII. Détention de faux poids et de fausses mesures... 209
XXXVIII. Tentative de délit de tromperie sur la quantité... 213
XXXIX.   Consommation de délit de tromperie sur la quan-
           tité.................................... 217
XL.   Nomenclature des infractions.............. 221
XLI.   Mention des poids et mesures dans les actes pu-
           blics et privés, dans les affiches, les an-
           nonces, etc............................. 224
Errata.................................... 228

FIN DE LA TABLE DES MATIÈRES.

Lons-le-Saun., imp. de Frédéric Gauthier.

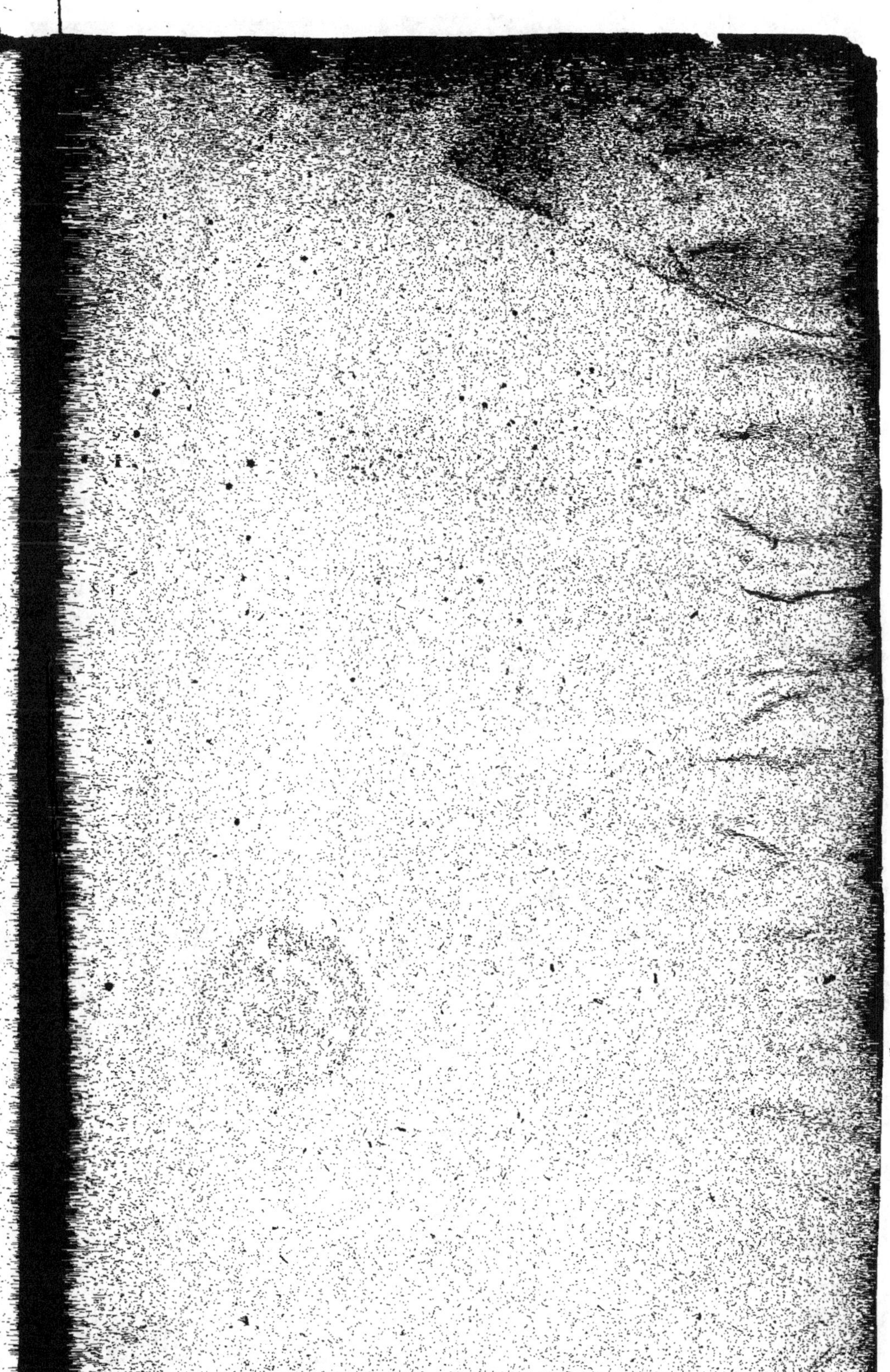